Engelhorn Bücherei

Kleine Geschichten für Vogelfreunde

Gesammelt
und herausgegeben von
Rainer Köthe

Engelhorn Verlag
Stuttgart

ISBN 3-87203-126-0

Lektorat: Renate Jostmann
Typografische Gestaltung: Brigitte Müller
Satz: Uhl + Massopust GmbH, Aalen
Druck und Bindearbeiten: Clausen & Bosse, Leck
Printed in Germany

Inhalt

7 KAREL ČAPEK
Über den Charakter der Amseln

11 CHARLES BAUDELAIRE
Der Albatros

13 WALTER MUSCHG
Weltreich der Vögel

25 WILHELM BUSCH
Fink und Frosch

27 GUY DE MAUPASSANT Liebe

38 JOSEPH VICTOR VON SCHEFFEL
Guano

40 JULES RENARD Der Pfau

42 CHRISTIANNA BRAND
Der Milan

56 Wie der heilige Franziskus
den Vögeln predigte

59 CATULL
Nänie auf den Tod eines Sperlings

61 KALERVO REPONEN
Kovapääs Rache
71 EUGENIO MONTALE Der Mauersegler
73 JOHANN PETER HEBEL
Der Star von Segringen
77 CHRISTIAN MORGENSTERN
Möwenlied
78 HERMANN LÖNS Der Waldkauz
90 EDUARD MÖRIKE Storchenbotschaft
92 RAINER MARIA RILKE Flamingos
93 ALEJANDRO R. ROCES
Von Hähnen und Hennen
106 FRIEDRICH NIETZSCHE Vereinsamt
108 GABRIEL GUIGNARD Béberts Gans
116 CHRISTIAN FÜRCHTEGOTT GELLERT
Der Kuckuck
118 JOÃO GUIMARÃES ROSA Die Reiher
130 Die Distelfinken
132 AELIANUS
Von der Wachsamkeit der Gänse
134 RICHARD VON VOLKMANN-LEANDER
Der kleine Vogel
142 Quellennachweis

KAREL ČAPEK

Über den Charakter der Amseln

Wenn sich alte Leute darüber beklagen, wie sich die Welt ändert, meinen sie damit gewöhnlich die Sitten der Jugend, den Aufschwung des Automobilismus, die sozialen Schwierigkeiten und andere neuzeitliche Erscheinungen; gewöhnlich übersehen sie aber, daß sich die Welt auch in verschiedenen Naturerscheinungen ändert. So zum Beispiel hatten früher die Möwen ihre obligate Frühjahrsetappe nicht bei den Prager Brücken; diese Gewohnheit nahmen sie erst vor wenigen Jahrzehnten an. Oder nehmen wir die Amsel: In den naturgeschichtlichen Büchern unserer Väter wurden sie als scheuer Waldvogel geschildert. Versucht es einmal, heute eine Amsel im Walde zu finden! Und was die Scheu betrifft, so ist sie viel weniger scheu als ein von Haus zu Haus gehender Verkäufer von Eintrittskarten für ein Wohltätigkeitskonzert.

Präziser ausgedrückt, sie wurde zu einem vollkommen schamlosen Kerl und städtischen Strizzi. Überließ die Wälder der Waldreform und zog in die städtischen Gärten und Anlagen; eigentlich bemächtigte sie sich ihrer mit Gewalt. Siehe, was die Zivilisation aus einem scheuen Waldvogel gemacht hat!

Am Morgen beginnt sie zu einer vollkommen unmöglichen Zeit zu randalieren, nur um euch aus wohlverdientem Schlafe zu wecken. Ist ihr dies gelungen, beruhigt sie sich und beginnt mit den regelmäßigen Lausbübereien: Sie mulmt in den Beeten, um ihre Milben loszuwerden, zwickt die Blütenknospen ab, zerfetzt die Tulpen und zieht die kleinen Setzlinge aus dem Boden; in etwa einer Stunde

Arbeit demoliert sie euch ein Stück Natur, das ihr euren Garten nennt, und befriedigt schwingt sie sich auf den Zaun und ruft: »Wie spät ist es? Wie spät ist es?« Eine andere prahlt: »Ich bin aus Wien! Aus Wien! Aus Wien!«, und die dritte wieder spottet: »Wieso, wieso?«

Dann tretet ihr hinaus, um euch am taufrischen Garten zu erfreuen, und findet aufgewühlte Beete, eine zerfranste seltene Tulpe, ausgegrabene Vergißmeinnicht, die ihr gestern gesetzt habt. Und ihr beginnt zu jammern und dem schwarzen Rohling zu fluchen, der auf dem Zaune wippt, droht ihm mit der Faust und versprecht, ein Flobert- oder Maschinengewehr für ihn anzuschaffen; und da kehrt euch dieser schwarze Tunichtgut den Rücken und hebt den Schwanz, um deutlich zu verstehen zu geben: »Mensch, du kannst mich gern haben!« Ihr werdet wütend und werft ihm einen Erdklumpen nach; er springt zur Seite und beginnt wüst zu schimpfen. Ihr sagt euch, daß es besser sei, mit so einem Pack nichts zu tun zu haben, und geht an eure Arbeit mit Hacke oder Spaten; da wird er euch gerade unter euer Gerät kriechen, so daß ihr aufpassen müßt, ihn nicht zu zerschneiden, während er einen Regenwurm, so lange wie eine Riesenmakkaroni, aus dem Boden zieht. Ihr werdet ihn mit der Haue wegstoßen, damit er euch nicht hindert; er wird euch beschimpfen und euch den Hintern hinstrecken, aber er wird nicht weichen. Er ist zudringlich wie eine Wanze und frech wie euer größter Feind. Doch gegen Abend setzt er sich auf den Rand des Daches und beginnt so schön zu flöten, daß ihr euch auf den Spaten stützt und alles sein laßt...

Und wenn das braune Amselweibchen ihre Kollektion Eier gelegt hat (sie sind nämlich riesig fruchtbar), könnt ihr eure Nase bis ins Nest hineinstecken; sie rührt sich nicht einmal, sie zwinkert nur ein wenig mit den Augen und gibt euch zu verstehen: »Also bewache uns, Mensch, bewache uns, klatsche in die Hände, um die Katzen zu verjagen; schau, daß auch du zu etwas nützlich bist.«

Und der Mensch bewacht sie also und verjagt die Katze vom Neste dieser unverschämten schwarzen Dinger.

CHARLES BAUDELAIRE

Der Albatros

*Oft kommt es, daß das schiffsvolk zum
vergnügen
die albatros, die großen vögel, fängt,
die sorglos folgen, wenn auf seinen zügen
das schiff sich durch die schlimmen klippen
zwängt.*

*Kaum sind sie unten auf des deckes gängen,
als sie, die herrn im azur, ungeschickt
die großen weißen flügel traurig hängen
und an der seite schleifen wie geknickt.*

Er, sonst so flink, ist nun der matte, steife.
Der lüfte könig duldet spott und schmach:
der eine neckt ihn mit der tabakspfeife,
ein andrer ahmt den flug des armen nach.

Der dichter ist wie jener fürst der wolke.
Er haust im sturm, er lacht dem bogenstrang.
Doch hindern drunten zwischen frechem volke
die riesenhaften flügel ihn am gang.

WALTER MUSCHG

Weltreich der Vögel

An welchem Wunder nehme ich taub und ausgestoßen teil, wenn ich einmal zu früh erwache und die erste Stunde des Vogeltages durch die halb geschlossenen Läden meiner Kammer höre. In einer Julinacht ertönt gegen vier Uhr, zur tiefschlafenden Zeit des Morgengrauens, von einem der Gartenbäume ein süßer, leiser, körperloser Ton, als spräche eine Seele zu sich selbst. Es ist die Stimme des ersten Vogels, der erwacht ist und, nach wer weiß wie langem und wie schüchternem Staunen über seine Verwandlung durch den Schlummer, Freude auszuhauchen wagt. Eine Stille vergeht, dann kommen zwei, drei neue ungewisse Zeichen, hellere, wachere, und wiederum nichts mehr. Ich, Schläfer hinter den Laden, halte die Hände noch über dem Leib gefaltet wie einer der steinernen Toten auf den Grabdeckeln im

Münsterchor und gewahre durch schlafbehangene Wimpern die große Kugel, die so mächtig ist, daß kein Menschenauge sie von einer Ebene unterscheidet. Jetzt rinnt auf ihr der Tag daher, jetzt ist auf ihr der Malayische Archipel im Licht, braune Glieder spielen um Pfahlbauhütten. Affen lärmen und Weiber, die roten Betel spucken, Tiger wechseln, gelassen die Wärme genießend, über Lianenpfade. Auf Vorderasien fällt der noch ganz morgendliche Schein, über Athos und den Hügel von Troja hin, mit langen Schatten voll Tau, und auf die weißen Säulen von Kap Sunion. Da beginnt vor dem Fenster ein zweiter Vogel zu reden, zugleich ein dritter mit ihm; der erste hat seinen Flötenlaut vergessen und schlägt und singt schon aus silbernem Schnabel. Aus großer Ferne mischen sich neue Stimmen hinein, alle noch kurzatmig, mit Absätzen und Pausen, daß ich zuweilen nicht weiß, hält das Gezwitscher in der Wirklichkeit inne oder falle nur ich Müder immer wieder in Schlaf. Dies ist die Dämmerung der Nacht und der Seele; morgen, in der Sonne, wird sich die Erinnerung an den Gesang der Himmelszungen nicht von den Träumen unterscheiden.

Draußen aber schmettert jetzt – wie ist dies gekommen?, habe ich nicht Sekunde um Sekunde die Auferstehung belauscht? – ein Chor von tausend Kehlen. Ein Netz aus blitzenden Tönen, liegt der Gesang widerhallend über den ganzen Stadtteil ausgebreitet, Häuser und Bäume klingen endlos mit. In weiter Ferne, scheint es, ist er gleich unzählbar lebendig, wenn auch schwächer zu hören, und in der Nähe, dicht vor meiner Mauer, wüten die ausgelassensten Rufe. Dieser lauteste da mit dem wild zerdehnten Triller, der alle Atemlängen ungestüm losbricht, weiß und sagt etwas ganz Bestimmtes, Unmißverständliches – wie absurd und traurig ist es, sein Freudenwort nicht zu begreifen. Aber was bedeutet er allein in diesem Meer aus Jauchzen und Rufen, Flimmern, Fragen, Singen und Reden.

Es ist die Stunde der Vögel, die Welt, auch die versteinerte Stadt, gehört vor Sonnenanbruch ihnen. Doch nein: dies ist die Welt der Vögel selbst, das Reich der schwirrenden Flügel, das vor den Menschen war und noch immer dauert. Die tausend Kehlen singen wie von Sinnen. Welche Liebe und Unschuld, welche Freude der Sonne entgegen. Kein Wagenrollen, kein Fensterflügel, kein Laut von Menschen stört den Jubel in der nüchternen Frühe. Die Übermacht der Vögel ist vollkommen, die Menschen schweigen vor ihr. Und wie für alle Zeit tönt diese Feier aus den Wipfeln, für morgen wie gestern und wie vor der Sintflut. Sie ist dieselbe wie in den Schöpfungstagen. Sie läßt sich nicht beschreiben, keine Musik, kein Wort, kein Bild bewahrt sie auf, die Menschen wissen nichts von ihr. Die meisten sterben, ohne sie gehört zu haben, und die sie hören, haben die Kraft nicht, ihre unaussprechliche Reinheit zu ertragen. Sie erwachen aus ihr, wie es mir selber geschieht: Stunden später, mitten in der Sonne, wenn der Glanz des hohen Vormittags in Tropfen und Stäben an den Läden trieft. Dann singen nur noch wenige Vögel im Garten, einzeln, schläfrig, schon ermattet vom langen Tag, als sei nie graue Frühe gewesen.

Vögel fahren auf schwimmenden Inseln, schnatternd und schreiend, den Euphrat hinunter wie in der Zeit Babylons. Vögel fliegen in der Abenddämmerung lautlos ihre letzten Flüge von Baum zu Baum, schlüpfen, die Ruhe suchend, unbemerkt in das Parkgebüsch unserer Städte wie vordem in die Hecken von Schiras, Hafisens Stadt. Vögel kreisen ungesehen um Riffe im Ozean und um weidende Schafe bei den Steppenhütten. Vögel sind überall, Vögel sind immer. Sie kreischen hungrig hinter den Schiffen her und rufen an den Granitwänden des Hochgebirges. Kluge Kormorane sitzen auf japanischen Fischerbooten und Schwalben freundlich auf den Drähten des deutschen Dorfes. Die Seele des Luftreichs ist in ihnen wie die des Waldbaums im Eichhörnchen, die der Urwaldwipfel in den Affenherden. Vögel sind nie allein, immer befinden sich Scharen in ihrer Nähe, denn im Anfang, den sie noch unzerstückelt in sich tragen, ist das unendlich Viele. Vögel fürchten sich nicht vor der Welt, sie besitzen sie ohne Zögern, ohne Ermüden. Die Gebäude der Menschen machen sie wohnlich mit ihren Nestern, sie weißeln sie kirchenalt mit ihrem Mist und umspinnen sie wärmend mit ihren unaufhörlichen Bahnen. Alles Besitztum des Menschen gehört ihnen noch einmal, von oben wissen sie immerzu um jedes Haus, um jedes Wasser, jeden Wald, die für sie da sind, und weil sie von oben wissen, kennen sie die Erde besser als die am Boden wimmelnden Wesen.

Das Reich der Vögel ist der unverstellte Raum. Grundlos und hell wie die Luft ist ihre Seele. Luft bildete ihren Leib, ihr gewichtsloses Gefieder, den Kiel ihres Brustbeins, die hohlen Knochen ihres Skeletts, das leichte Gezwitscher ihrer Kehlen. Aus der Ferne in die Ferne schwingen sie sich, von Winden gestützt, ruhelos und zufrieden. Sie fühlen und sehen nur den durchsichtig fließenden Ozean über und unter ihnen, sie sind geborgen in seiner schwebenden Flut, im Heimatlosen. So wie wir auf

die Straße treten, wenn wir das Haus verlassen, werfen sie sich in das heitere Nichts hinaus, das sie trägt, das sie ununterbrochen rauschen und spülen hören. Groß und dunkel sind die Gesetze, denen sie im beweglichen Fliegen gehorchen, denn sie sind nicht gänzlich frei, sondern einem Zwange ergeben, der ihnen erst das Fliegen möglich macht: die Gesetze des Sonnenlaufs, der riesig sich wälzenden Erde. Eine Stimme, die noch aus der Urzeit zu ihnen redet, lenkt ihren Willen, streut sie im Sommer über alle Kontinente auseinander und versammelt sie, wenn es Herbst wird, zu den großen Wanderungen. Dann schwenken die Stare in wachsenden Gruppen über die Stoppelfelder des Nordens und entschwinden plötzlich, unwiderstehlich abberufen. Kranichvölker lärmen gestreckten Fluges aus Skandinavien her über den Wolken südwärts, Schwalbenherden rudern dazwischen, Störche treten ihre unerforschliche Reise an. Die kleine Meerschwalbe, die in der Arktis vorkommt, wandert bis gegen den Südpol und legt jedes Jahr einen Weg zurück, der beinahe dem Erdumfange gleichkommt, aber nicht viel geringer sind die Taten der andern:

der Enten, Bachstelzen, Kiebitze, der Kraniche, Reiher und Störche.

Der kosmische Drang, der die Zugvögel nach Süden und wieder nach Norden treibt, scheint uns so wunderbar, daß wir in ihm das Walten der Weltseele selber zu entdecken glauben. In den Flatterwolken von Reihern und Kranichen, die auf uralten Lüftebahnen über das Mittelmeer, über Palästina nach Ägypten fahren, die den Himmel des Sudans verfinstern, auf die Ufer und Inseln des Weißen Nils in Heeren sich niederlassen, um dort durch Monate, Vögel allein bei Vögeln, ihr stürmisches Leben fortzusetzen, sehen wir wie träumend das Engelreich unserer Kindheit wieder. Mächtige Schwingen schlagen da zu Tausenden die Luft, Augen, teilhaft unmenschlicher Erfahrung, schauen durch alle Länder der Erde hin und wissen alles von den Ruinen der Städte, ohne sich um sie zu kümmern. Hier, wo kein Jäger, kein Neugieriger sie scheucht, entfalten sie auf engem Raum das Bild ihrer Gemeinschaft, des Vogelstaates, dem alles Land und Wasser der Erde zugehört. Die Ordnung, der sie auch sonst gehorchen, verdichtet sich zum überwältigenden Schauspiel. Man kann beobachten, wie sie gemeinsam handeln, wie sie sich in Kolonnen aufstellen, um reihenweise abzufliegen, wie der einzelne nichts ist und die Masse ihrer aller mehr als ein zufälliger Schwarm: ein Volk mit ältesten Gesetzen.

Unter allen Menschen sind die Dichter der Vogelwelt am nächsten, nicht deshalb, weil sie mehr von ihr wüßten, aber weil sie den Vögeln am ähnlichsten geartet sind. Auch ihrer Seele ist Bewegung eingeboren, auch ihr unfaßlicher Rhythmus nährt sich von dem Blick auf das Ganze der Welt. Wenn ein Winter der Geschichte zu Ende geht, ein neuer Morgen der Seele sich nähert, fängt unter den redenden Menschen plötzlich einer zu singen an. Diesem einen ist es unaussprechlich zumut, ihm scheint, es sei eine ewige Lust, zu leben. So sind Luther, so Ulrich von Hutten, so Sankt Franziskus und Shelley aufgewacht. Das Leben regte sich unermeßlich um sie her und war noch von keinem wirklich erkannt, noch niemals würdig beschrieben. Sie waren die ersten und zögerten nicht, die Decke des großen Schlafes von sich zu werfen. Über alle Menschen hinweg besitzen die Dichter, den Vögeln gleich, die Welt auf ihre Weise, ihr Anblick steht ihnen, alte Worte verbietend, schreckhaft ursprünglich vor Augen, daß sie nur noch des Singens mächtig sind. Sie hören die Monotonie der Ewigkeit aus dem Gezirp der Gassenvögel, die Stimme der Offenbarung aus dem Kuckucksruf, dieser Zauberzunge der frühen Wälder.

Vielleicht hat es einst ein Alter der Menschheit gegeben, das mehr Kenntnis vom Dasein der Vögel besaß als wir. In der Kunst der Ägypter erscheinen die Luftgeschöpfe in erstaunlich reicher Zahl; in Grabkammern, auf Papyri und Reliefs trifft man sie unfehlbar als Begleiter der menschlichen Gestalten wie bei keinem anderen Volk der Geschichte, und noch heute ist das Nilland wie eine Urheimat des Vogellebens. Vor den Resten der Pyramiden, der Mauern und Tempel von Theben, im heiligen See Thotmes' III. scheinen die stelzenden Kraniche und plätschernden Bekassinen ihrer Seele am erkenntlichsten zur Schau tragen. Auf der Erde der Pharaonen sind sie am liebsten und natürlichsten zu Hause. Das Sonnenschicksal der Säulenhallen wittert auch um ihre sagenhaf-

ten Gestalten, krächzt aus ihren Schnäbeln und webt in dem fast ziellosen Treiben ihrer Wüstentage. Vögel zählen die Stunden nicht, sind ohne Zeit. Das Licht, das auf ihnen liegt, ist das unveränderte Licht des Gottes Ra. Er lebt noch immer für sie, der Namenlose, gibt ihnen Nahrung, gibt ihnen Luft in das Gefieder, zeigt ihnen ihre Ziele.

Wer ihr ganzes Leben jederzeit zu schauen vermöchte, wüßte wohl so vieles wie ein Gott. Aber wir in die Tiefe Gebannten können zu dem Bild der Welt, wie sie ist, nicht gelangen. Wir sind am Grunde des Luftmeerbodens und wissen um weniges: um wenige Vögel und nur um Stücke ihrer Bahnen. Die Wände unseres Daseins verdecken uns den Zusammenhang der Elemente. Nur das Auge der Vögel, der Lüftetrinker und Ferneüberwinder, sieht das Unwandelbare, ohne Wissen zwar und deutliche Gedanken. Kummerlos schlägt ihr Flügel Gehorsam, ihre Herzen singen, was auch die Blume blüht, was die Bäume wehen und das Wasser fließt: ich und der Vater sind eins. Die Verworrenheit, in die wir getaucht sind, geht wie ein Schattenstrom unter ihnen hin.

WILHELM BUSCH

Fink und Frosch

Im Apfelbaume pfeift der Fink
sein: pinkepink!
Ein Laubfrosch klettert mühsam nach
bis auf des Baumes Blätterdach
und bläht sich auf und quakt: »Ja, ja!
Herr Nachbar, ik bin och noch da!«

Und wie der Vogel frisch und süß
sein Frühlingslied erklingen ließ,
gleich muß der Frosch in rauhen Tönen
den Schusterbaß dazwischen dröhnen.

»Juchheija, heija!« spricht der Fink,
»fort flieg ich flink!«
Und schwingt sich in die Lüfte hoch.

»Wat!« ruft der Frosch, »dat kann ik och!«
Macht einen ungeschickten Satz,
fällt auf den harten Gartenplatz,
ist platt, wie man die Kuchen backt,
und hat für ewig ausgequakt.

Wenn einer der mit Mühe kaum
geklettert ist auf einen Baum,
schon meint, daß er ein Vogel wär,
so irrt sich der.

GUY DE MAUPASSANT

Liebe

...Eine Zeitungsnotiz, die ich soeben las, berichtet über ein Drama der Leidenschaft. Er hat zuerst sie getötet und dann sich selbst, so sehr liebte er sie. Ist sie, ist er für mich wichtig? Ihre Liebe allein scheint mir wichtig; sie interessiert mich aber durchaus nicht etwa, weil ich darüber traurig oder erstaunt bin oder weil sie mich rührt oder nachdenklich stimmt, sondern weil sie mich an ein Erlebnis in meiner Jugend erinnert, ein seltsames Jagderlebnis, bei dem mir die Liebe erschienen war wie den ersten Christen das Kreuzzeichen am Himmel. Ich bin geboren mit den Instinkten und Sinnen des primitiven Menschen, gemäßigt durch die Vernunft und die Gefühle eines Zivilisierten. Ich liebe die Jagd mit Leidenschaft; aber das blutende Tier, das Blut auf den Federn, das Blut auf meinen Händen greifen mir ans Herz und machen mich beinahe ohnmächtig.

In jenem Jahr nun, als Ende des Herbstes plötzlich die Kälte hereinbrach, wurde ich von meinem Vetter Karl de Rauville zur Entenjagd in den Sümpfen eingeladen.

Mein Vetter, ein Landedelmann von vierzig Jahren, rothaarig, sehr kräftig und sehr bärtig, war ein liebenswürdiger Halbwilder mit fröhlichem Wesen und jenem echt französischen Esprit begabt, der auch die Mittelmäßigkeit angenehm macht. Er bewohnte eine Art Schloßfarm in einem weiten Tal, das ein Fluß durchzog. Alte, herrschaftliche Wälder bedeckten die Hügel rechts und links. Hier standen noch wundervolle, mächtige Bäume, hier fand man das rarste Federwild, das es in diesem Teil Frankreichs überhaupt gab. Man schoß gelegentlich sogar Adler; und die Zugvögel, die sich selten in unseren bevölkerten Gegenden niederlassen, machten unfehlbar ihren Halt in diesem hundertjährigen Geäst, als erinnerten sie sich, daß dieser kleine Waldwinkel seit urdenklichen Zeiten als Zuflucht für ihre kurzen nächtlichen Etappen stehen geblieben war.

Im Tale streckten sich große Weiden, durch

Gräben bewässert und durch Hecken aufgeteilt. Der Fluß, der bis hierhin kanalisiert war, verlor sich weiter hinten im Tal in einem ausgedehnten Sumpf. Diesem Moorland, dem prächtigsten Jagdrevier, das ich je sah, galt die ganze Sorge meines Vetters; er hegte es wie einen Park.

Durch die unübersehbare Menge Schilf, die dem Moor seine wogende, rauschende Lebendigkeit verlieh, hatte man Durchlasse gebahnt, darauf die flachen Barken, mit Stangen gerudert, stumm über die toten Wasser glitten, die Binsen streiften und die Fische in die Flucht jagten. Die Sumpfhühner tauchten unter, und ihre schwarzen, spitzen Köpfchen verschwanden blitzschnell.

Ich liebe das Wasser mit zügelloser Leidenschaft: das Meer, obwohl zu groß, zu bewegt, unmöglich zu besitzen, die Flüsse, lieblich zwar, aber ewig fließend, fliehend, uns zurücklassend, und die Sümpfe vor allem, wo das unbekannte Leben der Wassertiere pulst. Der Sumpf ist eine ganze Welt für sich, verschieden von der übrigen Welt, mit seinem eigenen Leben, seinen seßhaften Bewohnern, seinen vorüberziehenden Gästen, seinen Stimmen, seinem besonderen Geräusch und, vor allem, seinem Geheimnis. Nichts kann verwirrender, beunruhigender, manchmal auch erschreckender sein als eine Moorlandschaft.

Warum geistert soviel Angst auf diesen tiefen, wasserbedeckten Ebenen? Ist es das unbestimmbare Rascheln des Schilfs, die seltsamen Irrlichter, die tiefe Stille, welche sie in ruhigen Nächten umschließt, oder sind es die bizarren Nebelgestalten, die über die Binsen ziehen wie Totenkleider, oder ist es das unmerkliche Plätschern, so leicht und sanft und doch beängstigender als die Kanonen der Menschen oder der Donner des Himmels, wodurch das Moor zu einer Traumlandschaft wird, zu einem gefürchteten Landstrich, der ein unbekanntes, gefährliches Geheimnis zu hüten scheint.

Nein, es muß etwas anderes sein, das hier wirkt, ein anderes Geheimnis, tiefer, schwerer, das in den dichten Nebeln wogt – vielleicht das Mysterium der Schöpfung selbst! Ist es nicht im stockenden, schlammigen Wasser, in der schweren Feuchtigkeit der nassen Erde, wo unter der Wärme der Sonne der erste Keim des Lebens sich rührt, erzittert und dem Licht sich öffnet?

Gegen Abend traf ich bei meinem Vetter ein. Es herrschte außergewöhnlich starker Frost. Das Nachtessen wurde im großen Saal serviert, wo die Schränke, die Mauern, die Decke mit ausgestopften Vögeln geziert waren, die einen die Flügel ausgebreitet und die andern auf Ästen sitzend. Ich sah Sperber, Reiher, Nachteulen, Bussarde, Geier, Falken, und mein Vetter selbst kam mir in seiner Seehundjacke vor wie ein seltsames Tier aus dem Norden, als er mir seine Jagdvorbereitungen, schon für diese Nacht, erklärte.

Wir sollten um halb vier aufbrechen, um gegen halb fünf beim Anstand einzutreffen. Aus Eisblöcken hatte man dort eine Hütte erstellt, um uns vor dem eisigen Wind zu schützen, der dem Morgengrauen vorangeht, vor diesem Wind, der die Haut zerreißt wie eine Säge, mit Messern schneidet, wie mit vergifteten Pfeilen sticht, wie mit glühenden Zangen zwickt, wie Feuer brennt.

Mein Vetter rieb sich die Hände: »Solchen Frost habe ich noch nie erlebt«, sagte er, »es ist erst sechs Uhr abends, und wir haben schon zwölf Grad unter Null!«

Ich warf mich, sogleich nach dem Essen, auf

mein Bett und schlief beim Schein des lodernden Kaminfeuers ein. Schlag drei Uhr wurde ich geweckt. Ich zog einen Schafpelz über und traf meinen Vetter, der nun ein Bärenfell trug. Nachdem wir jeder zwei Tassen heißen Kaffee und ein Glas feinsten Champagner getrunken hatten, machten wir uns auf den Weg, begleitet von einem Waldhüter und unseren Hunden: Plongeon und Pierrot.

Nach den ersten Schritten im Freien fühlte ich die Kälte schon bis auf die Knochen. Es war eine jener Nächte, da die Erde tot scheint vor Kälte. Die frostige Luft wirkt wie ein Widerstand, greifbar und schmerzend; kein Hauch bewegt sie; sie ist erstarrt und unbeweglich, beißend, durchdringend, austrocknend, sie tötet Bäume, Pflanzen und Insekten. Auch die kleinen Vögel fallen von den Ästen auf die harte Erde, erstarrt und hart vom Griff der Kälte.

Der Mond, im letzten Viertel, ganz auf die Seite geneigt und sehr bleich, stand scheinbar erlöschend im Raum, so schwach, als hätte er nicht mehr die Kraft, weiterzuwandern, sondern als wäre auch er gepackt, gelähmt unter der Strenge des Himmels. Er verbreitet ein kaltes, trauriges Licht, jenen ersterbenden, bleichen Glanz, den er jeden Monat vor seiner Auferstehung auf die Erde wirft.

Wir gingen Seite an Seite, Karl und ich, den Rücken gebeugt, die Hände in den Taschen, das Gewehr unter dem Arm. Unsere Schuhe, mit Wolle umwickelt, um das Ausgleiten auf dem gefrorenen Fluß zu verhindern, machten keinen Lärm; ich sah den Atem unserer Hunde als weißen Rauch vor mir.

Wir waren bald am Rand des Moores angelangt und bogen in einen Durchlaß im trockenen Schilf ein, der uns in diesem kniehohen Wald weiterführte. Unsere Knie, die langen, bandenartigen Rispen streifend, verursachten ein leichtes Geräusch hinter uns, und wie noch nie fühlte ich mich gepackt von jener einzigartigen, mächtigen Ergriffenheit, die nur die Moorlandschaft in mir erwecken kann. Er war tot, dieser Sumpf, tot vor Kälte, während wir inmitten der ausgedörrten Binsen darüber gingen. Plötzlich, bei einer Wegbiegung, standen wir vor der Schutzhütte aus Eis. Ich trat ein, und da wir noch beinahe eine Stunde auf das Erwachen der Zugvögel zu warten hatten, rollte ich mich in meine Decke, um mich zu erwärmen.

Auf dem Rücken liegend, betrachtete ich den Mond, der durch die durchschimmernden Wände unserer Polarhütte aussah, als hätte er vier Spitzen. Aber die Kälte des erstarrten Sumpflands, die Kälte der Eismauern um uns, die Kälte, welche das ganze Firmament ausstrahlte, durchdrang mich so furchtbar, daß ich zu husten begann.

Mein Vetter Karl war besorgt: »Wenn wir heute auch nicht viel treffen«, sagte er, »möchte ich keinesfalls, daß du dich erkältest; wir machen ein Feuer.«

Er gab dem Waldhüter Auftrag, trockenes Schilf zu schneiden. In der Mitte unserer Hütte wurde ein Haufen davon aufgeschichtet und oben eine Öffnung für den Rauchabzug ausgebrochen. Die roten Flammen loderten auf inmitten der Eiswände, die leise zu schmelzen begannen, als ob diese Steine aus Eis schwitzen würden. Karl war draußen geblieben und rief nun plötzlich: »Komm doch rasch heraus, das mußt du sehen!« Ich ging zu ihm und stand starr vor Staunen. Unsere Hütte, in der Form eines Kegels gebaut, sah aus wie ein mächtiger Diamant mit einem feurigen Kern, dem eisigen Sumpf entsteigend. Im Innern sah man zwei phantastische, dunkle Gestalten, die Körper unserer beiden Hunde, die sich am Feuer wärmten.

Ein seltsamer Schrei, ein bestürzender, irrer Laut ertönte plötzlich über unsern Köpfen. Der Schein unseres Feuers hatte die wilden Zugvögel aufgeweckt. Ich war zutiefst bewegt von diesem ersten Laut eines Lebens, das man noch nirgends sah und das noch vor der Helle des kommenden Wintertages so rasch durch die Dämmerung eilte. In der frostigen Morgendämmerung wirkte der fliehende Laut, von den Schwingen eines Vogels getragen, wie ein Seufzer der Seele dieser Welt!

Karl befahl: »Löscht das Feuer, die Morgenröte kommt.«

Der erste Lichtschein bleichte den Himmel, und Ketten von Wildenten zogen als lange Streifen, rasch verschwindend, am Himmel vorbei. Ein Blitz zerriß die Dunkelheit. Karl hatte geschossen und die beiden Hunde stürmten davon.

Nun zielten wir abwechselnd, jede Minute, sobald sich über dem Schilf der Schatten eines fliegenden Schwarms zeigte. Pierrot und Plongeon, außer Atem und glücklich, brachten uns die blutenden Tiere, deren brechende Augen uns manchmal noch ansahen.

Der Tag war erwacht, ein heller, blauer Tag. Die Sonne erschien im Hintergrund des Tales, und wir dachten bereits daran, den Rückweg anzutreten, als plötzlich zwei Vögel, mit gestrecktem Hals und ausgebreiteten Schwingen, über unsern Köpfen vorüberglitten. Ich schoß. Einer der Vögel fiel mir beinahe vor die Füße. Es war eine Knäkente mit silbernem Bauch. Nun ertönte über mir ein Vogelschrei. Es war ein kurzer Klageruf, wiederholt, herzzerreißend; und das Tier, das kleine verschonte Tier, begann im Blau des Himmels zu kreisen: über uns, über seiner toten Gefährtin, die ich in den Händen hielt.

Karl kniete, das Gewehr an der Schulter, und lauerte mit der Leidenschaft des Jägers, bis das Tier nahe genug wäre.

»Du hast das Weibchen getötet«, sagte er, »das Männchen wird sich nicht entfernen.«

Nein, es entfernte sich keineswegs; es kreiste, klagend, unermüdlich über uns. Nie hat mir ein Schmerzensschrei mehr ans Herz gegriffen als dieser untröstliche Ruf, dieser gramvolle Vorwurf des armen Tieres, das nun allein, verloren im All schwebte. Manchmal floh es vor dem drohenden Gewehrlauf, der seinen Flug verfolgte; es schien bereit, seinen Flug fortzusetzen, ganz allein im Himmelsraum. Aber es konnte sich doch nicht entschließen und kehrte immer wieder zurück, um seine Gefährtin zu suchen.

»Leg sie auf die Erde«, riet mir Karl, »der Vogel wird sich sofort nähern.« Tatsächlich, er näherte sich, ungeachtet der Gefahr, blind in der Liebe des einen Tieres zum andern Tier, das ich getötet hatte. Karl schoß; es war, als hätte man den Faden abgeschnitten, der den Vogel in der Luft über uns hielt. Ich sah etwas Dunkles fallen, hörte im Schilf den Aufprall, und Pierrot brachte mir das Tier.

Ich legte den Vogel, der bereits kalt war, zum andern in dieselbe Jagdtasche … und noch am selben Tag fuhr ich zurück nach Paris.

JOSEPH VICTOR VON SCHEFFEL

Guano

Ich weiß eine friedliche Stelle
Im schweigenden Ozean,
Kristallhell schäumet die Welle
Zum Felsengestade hinan.
Im Hafen erblickst du kein Segel,
Keines Menschen Fußtritt am Strand;
Viel tausend reichliche Vögel
Behüten das einsame Land.

Sie sitzen in frommer Beschauung,
Kein Einz'ger versäumt seine Pflicht,
Gesegnet ist ihre Verdauung
Und flüssig als wie ein Gedicht.
Die Vögel sind all' Philosophen,
Ihr oberster Grundsatz gebeut:
Den Leib halt' allezeit offen
Und alles Andre gedeiht.

Was die Väter geräuschlos begonnen,
Die Enkel vollenden das Werk;
Geläutert von tropischen Sonnen
Schon türmt es empor sich zum Berg,
Sie sehen im rosigsten Lichte
Die Zukunft und sprechen in Ruh':
»Wir bauen im Lauf der Geschichte
Noch den ganzen Ozean zu.«

Und die Anerkennung der Besten
Fehlt ihren Bestrebungen nicht,
Denn fern im schwäbischen Westen
Der Böblinger Rapsbauer spricht:
»Gott segn' euch, ihr trefflichen Vögel,
An der fernen Guanoküst', –
Trotz meinem Landsmann, dem Hegel,
Schafft ihr den gediegensten Mist!«

JULES RENARD

Der Pfau

Heut wird er bestimmt Hochzeit halten.

Eigentlich war es für gestern vorgesehen. In seinem Galakleid stand er bereit. Er wartete nur noch auf die Braut. Sie ist nicht gekommen. Aber jetzt muß sie jeden Augenblick da sein.

Glorreich schreitet er auf und ab, mit den Allüren eines indischen Prinzen, der die standesgemäßen, reichen Geschenke auf sich trägt. Vor Liebesglut strahlen seine Farben lebhafter, und seine Aigrette erbebt wie eine Leier.

Die Braut kommt nicht.

Er steigt zuhöchst aufs Dach und blickt gegen die Sonne. Er stößt einen höllischen Schrei aus: »Lea! Lea!«

So ruft er seine Braut. Aber er sieht niemanden kommen, und niemand antwortet. Die Hühner sind's gewohnt und heben nicht einmal mehr den Kopf. Sie haben es längst satt, ihn zu bewundern. Er steigt wieder in den Hof hinab, seiner Schönheit so völlig gewiß, daß er außerstande ist, es ihnen zu verübeln.

Die Hochzeit ist auf morgen verschoben.

Und da er mit dem Rest des Tages nichts mehr anzufangen weiß, begibt er sich zur Freitreppe, deren Stufen er wie Tempelstufen mit gemessenen Schritten ersteigt.

Er rafft seine Mantelschleppe hoch; sie ist schwer von all den Augen, die sich nicht von ihr haben abwenden können.

Und er probt noch einmal das Hochzeitszeremoniell.

CHRISTIANNA BRAND

Der Milan

Bussarde gibt es viele; aber der Milan, der majestätische Milan ist selten und deshalb kostbar. In Großbritannien gibt es höchstens noch ein Dutzend Paare, nicht mehr. Und Miss Bellingham besaß ein Paar, das auf ihrem Grundstück nistete.

Wenn ein Milanpaar auf einem Grundstück brütet und die Jungen aufzieht, hat der Besitzer Anspruch auf eine Prämie; und Miss Bellingham bekam ihre Prämie. Sie war natürlich nicht auf die paar Pfund angewiesen; es ging ihr nicht schlecht, und wenn sie in einem Bauernhaus mitten im tiefsten Wales lebte, das alle Bequemlichkeiten aufwies, die eine gesunde ältere Dame brauchte, dann tat sie das nur, weil es ihr gefiel. Nein, das Geld war es nicht; es war der Stolz – der Stolz und das Gefühl, daß von jetzt an dieser Milan ihr gehörte. Sie führte ein Tagebuch über ihre Beobachtungen und schickte unzählige Postkarten mit Informationen, Bestätigungen und Widerlegungen von Beobachtungen an die Leute vom Naturschutz, die das alles schon recht gut wußten. Die Leute vom Naturschutz warfen die Postkarten in den Papierkorb; von Miss Bellingham wußten sie nur, daß sie das Nest beschützte.

Und sie beschützte es. Sie ließ keinen Menschen in die Nähe des Hauses und in die Wälder der Umgebung; bei Sonne und Regen streifte sie über ihre Morgen Land und vertrieb alles, was den Großen und seine Königin stören konnte. Es kamen allerdings nicht viele Leute; das Haus lag so einsam, daß nur ganz selten einmal ein motorisierter Tourist auftauchte, um sich an den landschaftlichen Schönheiten der einsamen Täler zu erfreuen. Nur von den freundlichen Farmern kam gelegentlich einer mit einem Jeep oder Landrover Miss Bellinghams holperigen Feldweg hinauf, »um zu sehen, ob der alten Dame nichts fehlt«, und er wurde regelmäßig mit der barschen Bemerkung zurückgeschickt, daß sie alles hätte und sich jetzt leider verabschieden müsse, da sie viel zu tun habe. Sie sagte natürlich nichts von den brütenden Milanen; sie mußten geheimgehalten werden vor den Neugierigen, den Räubern, den undisziplinierten Ignoranten und den Ehrfurchtslosen.

Die Jahre vergingen, und die Milane nisteten anderswo; aber Seine Lordschaft besuchte regelmäßig Miss Bellinghams Grundstück. Ruhig und majestätisch schwebte er in großer Höhe dahin, wenn ihm der Sinn danach stand, zu Miss Bellinghams größter Freude. *Milan heute zwölf Uhr mittags gesichtet*, schrieb sie auf einer Postkarte an den Naturschutz, etwa einmal in der Woche; in einem Leben, das sonst keine Abwechslungen aufwies, war das ein Feiertag.

Andere mußten auf den langen gegabelten Schwanz achten, auf die glänzende rotbraune Farbe, auf die gebogenen Flügelspitzen, um ihn vom stumpfschwänzigen Bussard zu unterscheiden; aber nicht Miss Bellingham. Sie erkannte ihn an seinem lässigen Schwung, an dem raschen eleganten Sturzflug, an der ruhigen und gar nicht überstürzten Art, wie er in Spiralen wieder nach oben stieg in die blaue Ferne seines Königreichs. Der Bussard wurde beim Anblick von Beute unruhig und aufgeregt; der König der Lüfte schwebte ungerührt dahin und ließ die gierige Meute weit zurück.

Die Zeit verging, und es wurde wieder Frühling; und im Februar fiel Schnee, was für diese Gegend, in der es selbst mitten im Winter selten kalt wurde, eine Seltenheit war. Beim ersten Anzeichen, als das Land noch im satten Grün leuchtete und kaum weiße Flecken hatte, kamen die Farmer mit Schneeketten an Rädern ihrer Autos den steilen Hügel hinauf. »Sie sollten nach unten kommen, Miss Belligham, solange es noch geht. Sie wissen, wenn hier erst mal Schnee liegt, ist die Straße unpassierbar. Und keiner weiß, wie lange es dauert. Sie sollten nach unten kommen.«

Miss Bellingham hatte nicht die Absicht, ihr Haus zu verlassen. Jeden Winter kamen ihre Verwandten und holten sie ab; gegen ihren Willen brachte man sie an Orte, wo sie sich beengt und unglücklich fühlte, weil ihr die gewohnte Einsamkeit fehlte. Aber diesmal sollte es ihnen nicht gelingen. Die Nachricht, daß es in diesen abgelegenen Tälern im Februar noch Schnee gab, würde sie zu spät erreichen: Andererseits konnte sie von den Farmern nicht verlangen, daß sie die äußerst schwierige Fahrt zu ihrem Haus unternahmen, nur weil sie sich hartnäckig entschlossen hatte zu bleiben, denn ein Telefon gab es nicht. Sie flüchtete in eine Lüge: »Es ist alles vorbereitet. Mein Neffe kommt nachher und holt mich ab. Sie wissen ja, daß sie mich bei schlechtem Wetter nie hier lassen. Er kommt noch heute.«

Beruhigt fuhren sie ab und verbreiteten die Kunde in der kleinen Gemeinde. Um Miss Bellingham brauchte man sich keine Sorgen zu machen. Ihre Freunde brachten sie bis zur Schneeschmelze in Sicherheit. Miss Bellingham stieß einen zufriedenen Seufzer aus und richtete sich in ihrem selbstgewählten Belagerungszustand ein.

Die kleinen Vögel waren dankbar für ihre Anwesenheit. Der Sperling, das Rotkehlchen, der winzige Zaunkönig und natürlich die schlaue Dohle mit ihrer grauen Mönchskappe. Und als das kalte Wetter anhielt, stießen auch die Bussarde herab, um zu sehen, was vor sich ging. Und dann eines Tages – Seine Hoheit persönlich, der Milan.

Wer hat behauptet, daß sich wildlebende Vögel nicht abrichten lassen? Die Bussarde, die sie mit Händeklatschen und lauten Schreien immer wieder vertrieb, waren bald fortgeblieben. Der Milan dagegen, den sie mit Fleischbrocken aus der Tiefkühltruhe anlockte, merkte rasch, daß er willkommen war. Anfangs mußte sie weit hinausgehen, um ihn nach unten zu locken; sie stolperte und rutschte über die gefrorenen Wege und über die Felder, wenn die Wege nicht mehr zu erkennen waren, um ihre Gaben so nahe niederzulegen, wie es die scheue Vorsicht des Vogels erlaubte. Bald wurden ihr die Beine schwach durch die ungewohnte Anstrengung, und sie konnte nicht mehr so weit gehen. Der Milan kam immer näher, der Hunger machte ihn mutig, und eines Tages nahm er das Fleisch von dem hölzernen

Tisch direkt vor der Haustür, an dem Miss Bellingham im Sommer ihre Mahlzeiten einzunehmen pflegte. Er nahm das Fleisch von dem gleichen Tisch, an dem Miss Bellingham gegessen hatte. Sie beobachtete ihn von innen durch das kleine niedrige Fenster und hätte vor Freude weinen können. Sie hatte die Prämie vom Naturschutz angenommen, aber jetzt wollte sie sie sich verdienen.

In dieser Zeit konnte sie keine Postkarten schicken; die Postbotin, die in ihrem kleinen grünen Wagen wie ein Käfer die gewundene Straße hinaufgeklettert war, kam nicht mehr. Aber sie führte Tagebuch in einem alten Schulheft. *Heute, 6. Februar, Milan bis auf zwei Schritt an das Haus gekommen. Es stimmt, daß Augenrand ausgesprochen gelb. Auge sehr strahlend und stolz.*

Die Zeit verging, es schneite nicht mehr, aber der Schnee lag sehr hoch, der Wind trieb ihn die Straße entlang und bedeckte die Felder mit einem gleichmäßig weißen Laken, und der Bach wurde von einer Schneewehe aufgestaut und gefror. Es kam kein Tauwetter. Die Vorräte in der Kühltruhe begannen knapp zu werden. Miss Bellingham kürzte die Rationen für sich und den Milan. Er kam nun regelmäßig an den Tisch; als er sie das erste Mal durch das Fenster schauen sah, erschrak er und flog davon, aber jetzt beachtete er sie nicht mehr. Für Miss Bellingham allerdings wurde es immer beschwerlicher, nach draußen zu gehen; unter ihren zahllosen Schritten hatte sich der vereiste Schnee vor der Haustür in eine spiegelglatte gefährliche Bahn verwandelt. Zweimal war sie ausgerutscht und gefallen, und beim Aufstehen hatte sie wildes Herzklopfen und ihr wurde schwarz vor den Augen. Eines Tages, als sie mit dem Fleisch in der Hand neben dem Tisch stand, wurde ihr plötzlich so schlecht, daß sie sich in den alten hölzernen Lehnstuhl setzen mußte, und in ihrem Kopf tanzten verworrene Schatten. Das Fleisch fiel ihr aus der Hand, und als sie wieder zu sich kam, wußte sie nicht, wieviel Zeit vergangen war. Der Milan zog hoch oben seine Kreise. Bevor ihr schlecht geworden war, hatte sie ihn noch nicht gesehen. Nur ein kleiner Schwächeanfall, sagte sie sich. Aber sie wußte, daß es mehr als das war.

Der Milan wartete kaum ab, bis sie mit langsamen, unsicheren Schritten ins Haus gewankt war, dann schoß er auf das Fleisch herab.

Milan kam auf anderthalb Schritte heran, schrieb sie in ihr Tagebuch. *Es stimmt, daß Schnabel stark gebogen*. Am nächsten Tag wartete sie ganz still draußen in der Nähe der Tür – und wieder stieß er herab; am Nachmittag stand sie noch näher am Tisch, und wieder kam er. Es war schrecklich kalt draußen vor dem Haus, aber das war es wert! Dann dachte sie: eines Tages, wenn es noch länger so kalt bleibt und ich genügend Geduld aufbringe, wird mir der Milan aus der Hand fressen.

Sie aß nur noch sehr wenig. Die anderen Vögel hatten ihre Körner aufgefressen und suchten jetzt anderswo – wenn sie überhaupt noch suchten, die armen kleinen Dinger, und nicht längst steinhart gefroren in den Zweigen hingen. Sie hatte kein Stück Brot mehr und gönnte sich kaum noch Fleisch, um für den Milan zu sparen. Dann hatte sie wieder einen leichten Schwächeanfall und ein taubes Gefühl im linken Arm und linken Bein. Miss Bellingham konnte kaum noch klar denken, und sie wußte, daß sie nicht mehr lange durchhalten würde. Aber wenn sie starb, wer fütterte dann den Milan? Sie fürchtete, daß ihre Kraft für den Weg zum Tisch vor dem Haus bald nicht mehr ausreichen würde. Zum Glück hatte sie rechtzeitig, solange sie es noch konnte, das restliche Fleisch aus den Tiefen der Kühltruhe ausgegraben. Sie konnte es draußen aufbewahren, denn es war kalt genug, und der Milan konnte es so hartgefroren nicht verzehren. Verzweifelt schaute sie den Fleischklumpen an; es war so wenig, daß sie von Tag zu Tag weniger zuteilen mußte. Wenn sie den ganzen Rest in einer letzten verzweifelten Anstrengung auf dem Tisch ausbreitete, würde der Vogel alles auf einmal nehmen, und es bliebe nichts mehr übrig für die Zeit, bis das Tauwetter einsetzte. Und noch schlimmer – wenn die Bussarde zurückkamen, das unbewachte Fleisch auf dem Tisch entdeckten und es sich holten? *Vor meinem Tode hätte ich gern erlebt, daß er mir das Fleisch aus der Hand nimmt, nur ein einziges Mal*, kritzelte sie mit ihrem Bleistiftstummel in das Tagebuch.

Und an diesem Tag geschah es wirklich. Mühsam humpelnd war sie mit schmerzenden Füßen zum Tisch hinausgegangen; dort sank sie kraftlos in den Stuhl und blieb lange Zeit mit dem Fleisch in der ausgestreckten Hand still sitzen. So lange, daß der Milan es müde wurde, unbeachtet seine Kreise zu ziehen um den herabgesunkenen grauen Kopf, und immer näher und näher kam; da der Feind keine Bewegung machte, stieß er endlich herab, riß mit einer wilden Schnabelbewegung den Fleischbrocken aus den schwachen Fingern, und mit zwei rauschenden Schlägen der schekkigen Flügel stieg er wieder empor in den weißen Himmel. Das Geräusch der Flügelschläge weckte sie. Sie fühlte sich sehr schwach und brauchte länger als je zuvor für den Rückweg ins Haus. Aber an diesem Abend schrieb sie triumphierend in ihr Tagebuch: *Es stimmt nicht, daß der Milan keine Nahrung aus Menschenhand nimmt.*

Am nächsten Tag saß sie wieder an dem Tisch, aber diesmal blieb sie wach und beobachtete den Vogel. Es war bitter kalt, aber eingehüllt in ihren alten Wintermantel schien sie die Kälte gar nicht zu bemerken. Viele Stunden saß sie da, den Fleischbrocken verlokkend ausgestreckt, und wartete auf den Milan; als er das Fleisch geholt hatte, blieb sie sitzen, um Kraft zu sammeln für den mühevollen langsamen Rückweg ins Haus. An diesem Abend zog sie sich nicht aus; sie legte sich vor den warmen Ölofen, und in einem ruhigen, tiefen Schlaf sammelte sie Kräfte für die Anstrengungen des nächsten Tages. Und an diesem Abend konnte sie ihrem Tagebuch anvertrauen: *Milan ließ sich auf dem Tisch nieder, nahm Fleisch aus der Hand, verzehrte es in der Nähe. Schnabel sehr kräftig. Oberteil des Kopfes fast weiß.*

Aber der Frost hielt immer noch an; und das Fleisch reichte nur noch für einen einzigen Tag.

An diesem Morgen saß sie lange vor dem warmen Ofen und dachte nach. Sie hatte kein Futter mehr; und was sollte aus dem Milan werden, wenn der Frost, der für diese Jahreszeit ganz ungewöhnlich war, noch länger anhielt? Was sollte werden aus ihrer großen Liebe, aus dem König der Lüfte? In ihrem ganzen Leben hatte nie ein Mann behaupten können, das Herz von Miss Bellingham zu beherrschen; Geist und Körper hatten sich nie der Herrschaft eines Mannes unterwerfen müssen. Als sie jung war, hatte sie sich gesehnt nach der süßen Unterwerfung unter den Willen eines überlegenen Wesens. Jetzt schossen ihr wirre Gedanken durch den benommenen Kopf, daß die alte Sehnsucht sich erfüllte und daß er endlich doch gekommen war – der König, dem sie sich unterwerfen und opfern wollte mit Leib und Seele.

Mit Leib und Seele.

Ihre Seele würde bald bei Gott sein; aber war es nicht die Pflicht der Frau – und sollte es nicht ihre höchste Freude sein –, ihren Körper dem überlegenen männlichen Wesen zu schenken?

Im Leben habe ich ihm gedient, schrieb sie in einem kaum lesbaren Gekritzel in ihr Tagebuch. *Warum soll ich ihm im Tode nicht auch dienen? Im Leben habe ich durch ihn gelitten. Wenn ich tot bin, werde ich nicht mehr leiden.*

Sie zog den alten Mantel aus, und in ihrem dünnen Kleid machte sie sich mit dem Tagebuch, dem Bleistiftstummel und dem Rest, der von dem Fleisch noch übrig war, zum letztenmal auf den beschwerlichen Weg; sie kroch auf Händen und Füßen nach draußen zum Tisch. Irgendwie zog sie sich hoch, und erschöpft vor Anstrengung sank sie bewußtlos in den hölzernen Lehnstuhl. Und als ihr Bewußtsein zurückkehrte, war ihr in der Tat kaum noch etwas geblieben als das Bewußtsein. In der rechten Hand hatte sie noch ein wenig Kraft, und auch im rechten Bein; aber bei weitem nicht genug, um die Last ihres Körpers zu bewegen. Jetzt konnte sie ihren Plan nicht mehr ändern, selbst wenn sie gewollt hätte. Der Würfel war gefallen. Das Opfer hatte sich selbst auf den Altar gefesselt und konnte nicht mehr fliehen. Mühsam schrieb sie: *Seid nicht traurig. Ich habe es selbst so gewollt.*

Das Schwirren seiner Flügel klang wie ein Gewitter, und der Luftzug wehte ihr die grauen Haare aus der Stirn. Stolz wie ein König, ein Eroberer, stolz wie ein Gott, diesmal der Gefahr spottend, schritt er über die silbrig schimmernden Birkenholzbretter, und die gekrümmten Krallen klapperten auf dem Tisch. Das gänzende helle Auge mit dem gelben Rand sah sie an. Als er fort war, schrieb sie mit schwacher Hand in das Tagebuch: *Er wartet nur, bis*... Hier endete der Satz.

Und sie schrieb noch einmal; niemand weiß, wie viele Stunden oder Tage später. Das blutbefleckte schmutzige Blatt mit der fast unleserlichen Schrift wurde auf dem Tisch gefunden. *Es stimmt nicht, daß*...

Es stimmt nicht, daß der Vogel mit dem Fressen wartet, bis das Beutetier verendet ist.

Wie der heilige Franziskus den Vögeln predigte

Sie wanderten weiter, ohne auf den Weg zu achten, und gelangten zu einer Burg, die Savurniano hieß. Dort begann der heilige Franziskus zu predigen, nachdem er zuvor den laut zwitschernden Schwalben geboten hatte, sie sollten stille sein, bis er mit seiner Predigt zu Ende sei. Und die Schwalben gehorchten ihm.

Bald darauf kam er in die Gegend zwischen Cannaio und Bevagno, und wie er voll Eifer dahinschritt, fiel sein Blick auf unermeßliche Scharen von Vögeln, die auf den Bäumen am Wege saßen. Darüber verwunderte er sich und sprach zu seinen Gefährten: »Wartet hier am Weg auf mich, ich will meinen Brüdern, den Vögeln, predigen.« Damit ging er auf das Feld hinaus und fing an den Vögeln zu predigen, die sich dort aufhielten. Da flogen auch sogleich die Vögel, die auf den Bäumen saßen, herzu, und alle verharrten ganz ruhig, bis er seine Predigt beendet hatte, und flogen erst wieder fort, als er sie gesegnet hatte. Und der heilige Franziskus ging, wie der Bruder Masseo später erzählte, zwischen den Vögeln umher, berührte und streichelte sie, ohne daß einer von ihnen davonflog.

Die Predigt aber lautete so: »Ihr Vögel, meine lieben Brüder, steht Gott, eurem Schöpfer, sehr nahe und solltet immer und überall sein Lob verkünden, denn er gab euch die Freiheit zu fliegen, wohin ihr wollt, und verlieh euch ein gutes und anmutiges Kleid. Er hat euren Stamm in der Arche Noah gerettet, damit ihr nicht untergeht. Das Element der Luft hat er euch überlassen, wofür ihr ihm dankbar sein sollt. Ihr säet nicht und erntet nicht, und Gott ernährt euch doch, gibt euch Flüsse und Quellen zum Trank, Berge und Täler als Zuflucht, die hohen Bäume für eure Nester, und da ihr weder spinnen noch nähen könnt, kleidet er euch und eure Jungen. Wie muß euch also euer Schöpfer lieben, daß er euch solche Wohltaten erweist! Hütet euch, meine Brüder, deshalb vor der Undankbarkeit und bemüht euch allezeit, Gott zu loben.«

Als der heilige Franziskus so zu den Vögeln sprach, öffneten sie alle ihre Schnäbel, reckten die Hälse, schlugen mit den Flügeln, neigten die Köpfchen bis zur Erde und bekundeten so mit Gebärden und Gesang, welche große Freude er ihnen bereite. Daran hatte der heilige Franziskus seine Freude und sein Wohlgefallen, und er ergötzte sich an der großen Vogelschar, an ihrer Schönheit und Vielfalt, an ihrer Zutraulichkeit und Aufmerksamkeit. Und voll Andacht pries er ihnen seinen Schöpfer.

Als der heilige Franziskus seine Predigt beendet hatte, machte er das Zeichen des Kreuzes über die Vögel und ließ sie davonfliegen. Da stiegen alle Vögel mit herrlichem Gesang in die Luft und teilten sich in vier Schwärme entsprechend dem Kreuzzeichen, das er über sie gemacht hatte: der eine flog nach Sonnenaufgang, der zweite nach Sonnenuntergang, der dritte nach Mittag, der vierte nach Mitternacht. Und jede Schar stimmte ein wunderbares Lied an, während sie dahinflog.

CATULL

Nänie auf den Tod eines Sperlings

Weint, ihr Grazien und ihr Amoretten,
Und was Artiges auf der Welt lebt! meines
Mädchens Sperling ist tot, des Mädchens
Liebling,
Der ihr lieb wie der Apfel in den Augen,
Und so freundlich, so klug war und sie kannte,
Wie ein Töchterchen seine Mutter kennet;

Er entfernte sich nie von ihrem Schoße,
Sondern hüpfte nur hin und wieder, piepte,
Seiner Herrin das Köpfchen zugewendet. –
Ach! nun wandert er jene finstre Straße,
Die man ewiglich nicht zurück wandert.
O! wie fluch ich dir, finstrer alter Orkus,
Der du alles, was schön ist, gleich hinabschlingst!
Uns den Sperling zu nehmen, der so hübsch war!
Welch ein Jammer! O Sperling! Unglückselger!
Hast gemacht, daß mein trautes Mädchen ihre
Lieben Äugelchen sich ganz rot geweint hat.

KALERVO REPONEN

Kovapääs Rache

An der Wand von Kalkkuna-Yrjös Stall war ein zwei Meter langer und halb so hoher Käfig, in dem auf einer innen entlangführenden Leiste Kovapää saß, ein für sein Alter besonders großer Hühnerhabicht.

Er hockte reglos an einer Stelle und starrte mit seinen scharfen, blitzenden Augen vor sich durch das Drahtgitter. Mit schräg gelegtem Kopf verfolgte er die weißen Flocken, die seit einiger Zeit vom Himmel fielen, und die schon die bräunlich-gelbe Erde und den spiegelnden See in einen weißen Mantel gehüllt hatten.

Kovapää gefiel es nicht, daß die Landschaft auf diese Weise ihre Gestalt und ihre Farbe veränderte. Instinktiv hatte er die unbestimmte Sorge, daß diese fortwährend dicker werdende weiße Masse alles Leben auf der Erde begraben würde, und daß er dann, falls er tatsächlich freikommen sollte, Hunger leiden müßte.

Denn ungeachtet der langen Zeit seiner Gefangenschaft glaubte der junge Hühnerhabicht immer noch, daß er einmal entkommen könnte, heraus aus diesem engen und stinkenden Käfig.

Während er daran dachte, bekam Kovapää plötzlich, wie schon sooft, einen Wutanfall, und er stürzte sich wie wild gegen das Drahtgitter. Aber dieses hielt auch diesmal seinen Angriffen stand. Endlich begriff Kovapää die Hoffnungslosigkeit seiner Anstrengungen, ließ sich wieder auf der Stange nieder und blieb da sitzen, den Blick starr auf die Schneefläche geheftet. Doch jetzt folgte er nicht mehr dem leisen Tanz der Schneeflocken in der ruhigen Luft, sondern ließ seine Augen zufallen und versank in Erinnerungen an das Vergangene.

Kovapääs Heimat war nordwestlich von Koliseva-Berg in einem riesigen dunklen Fichtenwald, einige hundert Flügelschläge westlich des Koliseva-Bachs. Gegen Ende des Hitzemonats, als die Alten ihre Jungen mit Leckerbissen aus dem Nest gelockt hatten, damit sie lernten, sich ihren eigenen Flügeln anzuvertrauen, war

Kovapää schon merklich größer als seine Geschwister. Und er hatte auch als erster jagen gelernt, so folgenschwer auch sein dritter selbständiger Versuch für ihn werden sollte.

Die alten Habichtseltern hatten an jenem Tag Pech gehabt, und die am Rande eines Sumpfes auf Futter wartenden Jungen hatten schon vom frühen Morgen an hungrig geschrien. Besonders Kovapää hatte sich sehr laut gebärdet, und schließlich hatte er sich auf den Ast einer Kiefer geschwungen und beschlossen, selbst Futter zu suchen, wenn er nur genug Luft unter die Flügel bekommen würde.

Der Wind kam von Osten, der junge Hühnerhabicht warf sich ihm entgegen, und als er merkte, daß es ihn fast mühelos trug, schraubte er sich immer höher und höher. Und hingerissen von seinen Flugküsten segelte er begeistert über den Wald und den Valkky-See.

Auf der anderen Seite des Sees sah er mitten auf einem weiten Platz einen großen, hölzernen Kasten und davor ein aufrecht gehendes Wesen mit unbehaartem Gesicht. Und noch mehr bewegte sich dort unten. Um den Unbehaarten herum stolzierten gewaltige, dicke Vögel, die viel größer als seine Habichteltern waren, und neben dem Kasten sah man kleinere Vögel, weiße und bunte. Solche hatten die Alten hin und wieder ihren Jungen ans Nest gebracht. Und als der näherkommende Kovapää sah, daß der Unbehaarte in einer Öffnung verschwand, die in der Wand des Kastens sichtbar wurde, beschloß er kurzerhand, sich selber eine Mahlzeit zu ergattern, die auch noch für den nächsten Tag reichen sollte.

Ohne sich auch nur einen Augenblick zu bedenken, legte Kovapää die Flügel an und ließ sich fallen, bis er auf der Höhe der beiden Kiefern war, steuerte auf die andere Seite des Hofes zu, von wo das verführerische »tuk-tuk-tuk« an seine Ohren drang. Und im nächsten Augenblick stürzte er sich mitten in den Hühnerschwarm, indem er sich das größte aufs Korn nahm, dessen Scheitel ein hoher roter Kamm zierte, und von dessen Kinn merkwürdige rote Fransen herabhingen.

Wie scharfgeschliffene Dolche bohrten sich Kovapääs Fänge in den Rücken des Hahns, und gleichzeitig begann er, dem Vogel auf dem Kopf herumzuhacken, ohne sich im geringsten um das laute Gegacker und Durcheinander zu kümmern, das sich auf dem Hof erhob.

Sein Opfer war jedoch zäher, als er gedacht hatte. Laut kreischend sprang der Hahn hin und her und versuchte, den Reiter auf seinem Rükken zu kratzen oder mit seinen Sporen zu verletzen, bis Kovapää ihm mit seinem unvergleichlichen Hakenschnabel die Kehle durchhackte. Im selben Augenblick hörte das Todesgeschrei des Hahnes auf, aber seine Flügel peitschten noch verzweifelt die Erde, so daß der Sand in die Luft flog.

Kovapää packte fester zu und machte sich schon bereit, mit seiner Beute aufzufliegen, als plötzlich der Unbehaarte erschien, laut brüllend und einen Knüppel in der Luft schwingend.

Der Habicht begriff, daß er seine Beute jetzt schleunigst in Sicherheit bringen mußte, aber da er während des Kampfgetümmels Staub und Asche in die Augen bekommen hatte, konnte er das hohe Drahtnetz nicht erkennen, das den Garten auf der Waldseite umgab. Deshalb prallte er, als er sich mit dem Hahn in den Krallen ungefähr einen Meter hoch erhoben hatte, gegen eine unsichtbare Wand und stürzte mit seiner Bürde auf die Erde hinab. Ohne seine Fänge zu öffnen, versuchte er es von neuem, aber mit demselben Erfolg, oder noch schlimmer, denn während dieser Versuche war Kalkkuna-Yrjö schreiend im Garten angelangt, und im selben Augenblick wurde ihm schwarz vor den Augen.

Als Kovapää wieder zu sich kam, fand er sich in einer engen, dunklen Kiste – es war also dem Unbehaarten gelungen, ihm einen kräftigen Schlag auf den Kopf zu versetzen. Der schmerzte und dröhnte jetzt so stark, daß es Kovapää vor den Augen flimmerte.

Am Abend kam der Unbehaarte zu dem Habicht, gab ihm einige Fleischabfälle zu fressen und steckte ihn in diesen Käfig, aus dem Kovapää schon ungezählte Male auszubrechen versucht hatte. Allmählich begriff er dann, daß er einen schweren Fehler gemacht hatte, als er zu den großen Nestern der mächtigen Unbehaarten geflogen war.

Viele, viele Male war Kovapää schon diesen Erinnerungen nachgegangen, dutzendmal hatte er sich gegen diese durchlöcherte Wand gestürzt, aber immer ohne Erfolg.

Jetzt, wo die weißen Flocken die Erde bedeckten, und er wußte, daß das Gitter selbst

seinen heftigsten Angriffen widerstand, kam er zu der Einsicht, daß es vielleicht nicht mehr lohne, hinter diese undurchdringliche Wand zu gelangen. Denn dahinter schien auch nichts weiter zu sein, als leblos weiße, kalte Unbeweglichkeit. Es war wohl doch besser, auf die Fleischabfälle und Innereien zu warten, die einer von den Unbehaarten ihm mindestens einmal am Tag brachte.

So verging ein Tag nach dem anderen. Mittlerweile verschwand die weiße Masse, Nässe von oben vernichtete sie, so daß das Wasser auf den tieferliegenden Wiesen glänzte. Aber schon am nächsten Tage glitzerten alle diese kleinen Teiche blendend hell, um sich nach ein oder zwei Tagen wieder in einen weißen Mantel zu hüllen.

Aber wie das Wetter auch sein mochte, einmal am Tag erschien der Unbehaarte vor Kovapääs Käfig und gab ihm zu fressen, mal mehr, mal weniger, bis einmal zwei ganze Tage vergingen, ohne daß man auch nur eine Spur von dem Futterbringer sah. Am dritten Tage ertönte ein lautes Getöse, und Kovapää sah, wie ein merkwürdiges, knatterndes Riesentier auf dem Hof erschien.

Ins Innere dieses Ungeheuers konnte man durch zwei Öffnungen hineinsehen, und Kovapää bemerkte, daß der Unbehaarte ganz schlapp dasaß, ein sonderbares »Ho-ho-hoo« ausstieß und heftig mit den Armen fuchtelte. Und als er genauer hinsah, erblickte er noch einen zweiten Unbehaarten. Sie prahlten und schwankten beide, und man hörte, wie der Ho-ho-hoo sagte:

»Tri-Trinken wir noch ei-nen, hick. Schließlich habe ich ja nur ei-einmal im Jahr Geburtstag. Prost!«

Worauf der andere antwortete: »Ja, trinken ... trinken wir noch einen ... danke ... zum Wohl!«

Natürlich verstand Kovapää nichts von dem, was sie sagten. Aber als die Männer endlich aus dem Bauch des Ungeheuers herausgeklettert waren und blinzelnd und unsicher auf den Beinen vor dem Habichtkäfig standen, begriff er, daß etwas Besonderes geschehen war oder bevorstand.

Und so war es auch. Kovapääs Herr wollte seinem Zechkumpan zeigen, wie gut er den Habicht ins Haus tragen könne, wo man ihn sich besser von nahem ansehen könnte als draußen. Und Kalkkuna-Yrjö, der ihn schon öfter mit Lederhandschuhen und einem Strick um den Fuß auf dem Hof spazierengetragen hatte, lüftete die linke obere Ecke des Drahtgitters und packte Kovapää mit seinen Lederhandschuhen fest bei den Füßen.

Aber bei seiner Zecherei hatte sich Kalkkuna-Yrjö ein großes Loch in den rechten Handschuh gerissen, und die Krallen des Habichts drangen tief in seine Hand. Kalkkuna-Yrjö entfuhr ein rauhes, böses Wort, und der schneidende Schmerz zwang ihn, seine Faust zu öffnen.

Sowie Kovapää merkte, daß der Druck gegen seine Füße nachließ, schlug er einige Male mit den Flügeln und war einen Augenblick später außer Reichweite für seinen Herrn.

Freudig überrascht erhob sich der Hühnerhabicht in die Luft, aber als er die gackernden Tuk-tuks mit gesträubtem Gefieder auf den Zaun zueilen sah, stürzte er sich, ohne eine Sekunde zu zögern, auf eins der gackernden Tiere, hackte ihm einmal mit dem Schnabel auf den Kopf und setzte seinen Weg mit einem Huhn in den Krallen fort.

Eine Viertelstunde später war Kovapää schon am anderen Ufer des Sees und verschlang gierig die unvergleichlichen Eingeweide der noch warmen Henne.

Am nächsten Morgen verzehrte er den Rest, der von dem Huhn des dummen Ho-ho-hoo übriggeblieben war, und begann dann seine weite Reise in die Länder des Südens.

EUGENIO MONTALE

Der Mauersegler

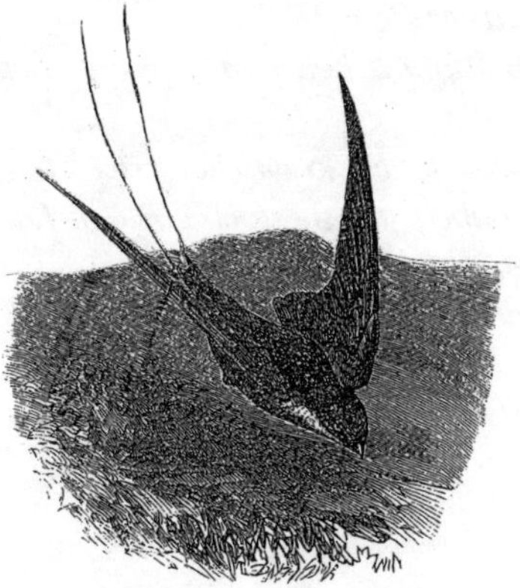

Vom Trottoir aufgehoben, die Flügel
von Teer verklebt,
konnte die Schwalbe nicht fliegen.
Sorgsam löste Gina die Klumpen ab
mit ölgetränkter Watte und mit Parfum;
sie kämmte sein Gefieder und versteckte
den Vogel in einem Körbchen.
Platz gerade zum Atmen.

Die Schwalbe schaute sie fast dankbar an
aus einem einzigen Auge. Das andere blieb zu.
Dann nahm sie ein Blättchen Salat
und zwei Reiskörner zu sich. Sie schlief lange.
In der Frühe des nächsten Tages flog sie weiter,
ohne zu grüßen.
Das Dienstmädchen vom oberen Stockwerk
sah sie
Eilig hatte sie es, so wurde berichtet.
Dabei haben wir sie doch vor den Katzen
gerettet.
Aber vielleicht schafft sie es nun.

JOHANN PETER HEBEL

Der Star von Segringen

Selbst einem Staren kann es nützlich sein, wenn er etwas gelernt hat, wieviel mehr einem Menschen. – In einem respektabeln Dorf, ich will sagen, in Segringen, es ist aber nicht dort geschehen, sondern hier im Land, und derjenige, dem es begegnet ist, liest es vielleicht in diesem Augenblick, nicht der Star, aber der Mensch. In Segringen der Barbier hatte einen Star, und der wohlbekannte Lehrjung gab ihm Unterricht im Sprechen. Der Star lernte nicht nur alle Wörter, die ihm sein Sprachmeister aufgab, sondern er ahmte zuletzt auch selber nach, was er von seinem Herrn hörte, zum Exempel: »Ich bin der Barbier von Segringen.« Sein Herr hatte sonst noch allerlei Redensarten an sich, die er bei jeder Gelegenheit wiederholte, zum Exempel: »soso lala« oder »par compagnie« (das heißt soviel als: in Gesellschaft mit andern), oder: »wie Gott will« oder: »du Tolpatsch«. So titulierte er nämlich insgeheim den Lehrjungen, wenn er das halbe Pflaster auf den Tisch strich, anstatt aufs Tuch, oder wenn er das Schermesser am Rücken abzog, anstatt die Schneide oder wenn er ein Gütterlein verheite. Alle diese Redensarten lernte nach und nach der Star auch. Da nun täglich viele Leute im Haus waren, weil der Barbier auch Branntwein ausschenkte, so gab's manchmal viel zu lachen, wenn die Gäste miteinander ein Gespräch führten, und der Star warf auch eins von seinen Wörtern drein, das sich dazu schickte, als wenn er den Verstand davon hätte; und manchmal, wenn ihm der Lehrjunge rief: »Hansel, was machst du?«, antwortete er: »Du Tolpatsch!«, und alle Leute in der Nachbarschaft wußten von dem Hansel zu erzählen. Eines Tages aber, als ihm die beschnittenen Flügel wieder gewachsen waren, und das Fenster war offen und das Wetter schön, da dachte der Star: Ich hab jetzt schon so viel gelernt, daß ich in der Welt kann fortkommen, und husch! Zum Fenster hinaus. Weg war er. Sein erster Flug ging ins Feld, wo er sich unter eine Gesellschaft anderer Vögel mischte, und als sie aufflogen, flog er mit ihnen,

denn er dachte: sie wissen die Gelegenheit hierzuland besser als ich. Aber sie flogen unglücklicherweise alle miteinander in ein Garn. Der Star sagte: »Wie Gott will.« Als der Vogelsteller kommt und sieht, was er für einen großen Fang getan hat, nimmt er einen Vogel nach dem andern behutsam heraus, dreht ihm den Hals um und wirft ihn auf den Boden. Als er aber die mörderischen Finger wieder nach einem Gefangenen ausstreckte und denkt an nichts, schrie der Gefangene: »Ich bin der Barbier von Segringen!« Als wenn er wüßte, was ihn retten muß. Der Vogelsteller erschrak anfänglich, als wenn es hier nicht mit rechten Dingen zuginge, nachher aber, als er sich erholt hatte, konnte er kaum vor Lachen zu Atem kommen; und als er sagte: »Ei, Hansel, hier hätt ich dich nicht gesucht; wie kommst du in meine Schlinge?«, da antwortete der Hansel: »Par compagnie.« Also brachte der Vogelsteller den Star seinem Herrn wieder und bekam ein gutes Fanggeld. Der Barbier aber erwarb sich damit einen guten Zuspruch, denn jeder wollte den merkwürdigen Hansel sehen, und wer jetzt noch weit und breit in der Gegend will zur Ader lassen, geht zum Balbierer von Segringen.

Merke: So etwas passiert einem Star selten. Aber schon mancher junge Mensch, der auch lieber herumflankieren als daheim bleiben wollte, ist ebenfalls par compagnie in die Schlinge geraten und nimmer herausgekommen.

CHRISTIAN MORGENSTERN

Möwenlied

Die Möwen sehen alle aus,
als ob sie Emma hießen.
Sie tragen einen weißen Flaus
und sind mit Schrot zu schießen.

Ich schieße keine Möwe tot,
ich laß sie lieber leben –
und füttre sie mit Roggenbrot
und rötlichen Zibeben.

O Mensch, du wirst nie nebenbei
der Möwe Flug erreichen.
Wofern du Emma heißest, sei
zufrieden, ihr zu gleichen.

HERMANN LÖNS

Der Waldkauz

Wer singt im Dorfe den Frühling ein? Wer ruft die gute Zeit heran?

Nicht Amsel und Fink sind es und nicht Meise und Star und auch nicht Specht und Häher; ein anderer ist es, der mit lautem Liede den Haselbusch lehrt, sich mit Gold und Rubinen zu schmücken, ist es, der die Erle rührt, daß alle ihre Zweige rote Troddeln schwenken, und der dem Schneeglöckchen Mut macht, über den Buchsbaum zu sehen.

Ein Kauz ist es, ein dicker, alter Waldkauz, der in der dicken, alten Linde wohnt, die mitten im Dorfe vor dem dicken, alten Kirchturm steht und ihre Äste über die graugrünen Grabsteine spreizt. Seit unvordenklichen Zeiten hat ein Kauzpaar in der Kirchhofslinde gewohnt und ist den Dorfleuten heilig gewesen. Aus uralten Tagen blieb ihnen eine dumpfe Erinnerung, daß die Eule einst Friggas Lieblingsvogel war, ehe der neue Glaube über das Land kam und aus allem, was den alten Göttern lieb war, unholdes Getier und Greuel machte.

Darum darf der Kauz im Dorfe schalten und walten, wie er will, und nicht nur deshalb, weil ein Stück Urglauben mit ihm verbunden ist; so manche Maus, so manche Ratte, die den Schnäbeln und Griffen der jungen Käuze entglitt, fand der Bauer zwischen dem knorrigen Wurzelwerk der Linde und machte sich seinen Vers

darauf. Aber am liebsten ist er ihnen, weil er den Frühling verkündet. Liegt auch der Schnee noch auf der Saat und stehen die Gräben noch in Eis, zieht der März in das Land, dann singt der Kauz den Frühling ein, und das ganze Dorf freut sich, daß die bessere Zeit herankommt.

Eine eigene Art hat die Eule, den Frühling einzusingen; wie mit einem schrillen Schrekkensschrei beginnt es, wendet sich in ein Hohngelächter um, steigt zu einem wilden Jauchzen und sinkt zu einem wehen Gewimmer herab. Stadtleute finden es teuflisch und höllisch, die Leute im Dorfe aber lieben es, des Kauzes Frühlingslied, der Eule Liebesgesang.

Gestern war es hell und kalt. Der Wind pfiff von Morgen her, die Sterne waren alle versammelt. Da gefiel es dem Kauze nicht. Stumm strich er im tiefen Holze hin und her, schlug die Maus auf dem Wege und die Wühlratte im Graben und suchte, lange ehe sich die Nacht vor dem Morgen verkroch, sein Loch in der Linde auf.

Heute aber paßt ihm das Wetter besser. Der Wind kommt von der Abendseite, weich und warm ist er, und die Luft ist dick und diesig. In den Wiesen braut der Fuchs, und nur der

Abendstern ist wach. Noch bewahrt der Himmel eine rosige Erinnerung an die Sonne, da erhebt der Kauz sein Gefieder und streicht der Wiese zu. Mit festem Griffe faßt er die Wühlratte; ihr Strampeln nützt ihr nichts; ein Biß in den Hinterkopf nimmt ihr das Leben, und sie verschwindet in dem weiten Rachen. Zwei Mäuse folgen ihr bald nach.

Hauptjagdwetter ist heute; die Mäuse laufen ganz anders als gestern. Aber der Kauz hat heute keine rechte Freude an der Jagd. Was ihn lange nicht ankam, heute fällt es ihm ein, loszulachen und aufzujauchzen. »Huch!« kreischen die Mägde in der Spinnstube des einsamen Hofes, und dann lachen sie lustig; wenn der Kauz ruft, hört das Spinnen bald auf, und die Arbeit in Garten und Feld beginnt. »Kiuwitt, kuwitt«, geht es draußen. Und dann kommt das Schönste: »Huuu, huhuuu, huhuhuhu«, und dann ein seltsames, langes Trillern, »Klurlurlurlu«, eine ganze Viertelstunde lang, und dann ein heiseres Bellen und ein Lachen hinterdrein, als wenn siebzig Teufel sich über den Fall eines Gerechten freuen.

Aber nichts Arges und Böses denkt sich der Kauz dabei, nur Liebes und Gutes. Er sehnt sich

nach einem Herzen, das wie sein Herz fühlt, nach einer großen, schönen Käuzin mit großen, schönen Augen. Nur deswegen quietscht und schreit und lacht und bellt und trillert und jauchzt er heute so sehr. Überall bringt er Leben in den Abend; eben rief es im Walde, nun lacht es im Dorfe, und jetzt rollt sein tiefes Lachen an der Wiese entlang.

Dort jagt schon seit einer Stunde eine dicke graue Käuzin. Ihr gehört die Wiese und die Waldkante, so denkt sie. Sie ist so frech, daß sie den Bussard, der sich in der großen Eiche bei der Ochsenhütte zum Schlafen eingeschwungen hatte, jählings mit ihrem dicken Kopf in den Rücken stieß, daß er von seinem Aste herabpolterte und entsetzt abstob. Daß auf der besten Stelle der Wiese, wo die Mäuse am meisten laufen, die Rehe stehen, paßt ihr nicht, und sie stößt so lange nach ihnen, bis sie ihr Platz machen. Auch die beiden Hasen, die da Hochzeit halten, jagt sie in den Busch hinein.

Quer durch die Wiese läuft ein heller Bach. Dort, wo das Stauwehr ihn einzwängt, steht eine halbpfündige Forelle, auf Beute lauernd, die ihr die Strömung zutragen soll. Über ihr rüttelt die Käuzin. Etwas Schwärzliches kommt durch das Wehr getrieben; eine junge Maus ist es, die die Müllerin totschlug und in den Bach warf. Die Forelle geht nach der Maus auf, faßt sie und will mit ihr unter den Wasserwurzeln der Erle verschwinden, da fühlt sie sich geangelt und trotz ihres Schnellens und Schlagens emporgehoben. In der Eiche bei der Ochsenhütte hakt die Eule auf und kröpft sich an dem Fische satt.

Da schwebt ein Schatten heran und stößt sie von dem Aste. Er ist kleiner und schwächer, der verliebte Kauz, um ein Drittel kleiner als die Käuzin, aber er ist ein Mann. So treibt er sie fauchend und knappend, quietschend und trillernd in den Wald hinein, treibt sie eine Stunde hin und her, bis sie sich in einer Eiche einschwingt und er ihr gegenüber aufhakt. Und da sitzt er und pfeift und bellt und heult und lacht und trillert und gellt so wunderschön, so lieblich und so ergreifend, daß die dicke braune Käuzin gar nicht anders kann, als sich dem hübschen grauen Kauz zu ergeben und das Loch im Lindenbaume mit ihm zu beziehen.

Breit und geräumig ist das Loch und so tief, daß kein Junge bis auf den Grund fassen kann. Das wagt auch keiner, denn vor Jahren kletterte der Sohn des Pastors in der Linde herauf, um sich die Eier zu holen. Da fuhr ihm aber fauchend das Weibchen in das Gesicht, und aus der Krone der Linde sauste der Kauz heraus und stieß den Jungen in das Genick, und der erschrak so, daß er allen Halt verlor, aus dem Baume fiel, den Unterschenkel brach und sechs Wochen das Bett hüten mußte.

Seit der Zeit haben die Jungen eine heilige Scheu vor der Linde; und auch die großen Leute gehen zu der Zeit, wenn die Käuze Junge haben, im Bogen um den Eulenbaum herum, besonders in der Dämmerung, denn wenn die Eulen gerade schlechter Laune sind, stoßen sie auf die Menschen. So frech aber wie in diesem Jahre waren sie noch nie. Das hat der neue

Lehrer, der erst acht Tage im Dorfe ist, erfahren. Dem gefiel es, an einem milden Aprilabend sich auf die Knorren am Fuße der Linde zu setzen. Aber plötzlich stieß er einen Schmerzensschrei aus und rannte so wild davon, daß er den Pastor, der über den Kirchhof ging, fast umwarf. Kreidebleich war er, als er dem Pastor und der Pastorin erzählte, wie es ihm gegangen war. Ganz jählings war etwas Schwarzes gegen seinen Kopf geflogen, und Krallenfinger hatten seinen Nacken gepackt. Und als er den Kopf beugte, konnten der Pastor und seine Frau drei lange blutige Risse sehen.

Als der Lehrer hörte, wer der Unhold war, lachte er, und von da ab setzte er sich oft in die Laube vor dem Pfarrhause und sah den Eulen zu, die ab- und zuflogen. Wehe der Katze, die über den Kirchhof schlich; ehe sie es sich versah, hatte sie einen Stoß und ein paar Risse abbekommen und fuhr mit Angstgequake über die Mauer. Des Pfarrers Hund traute sich nicht um sämtliche Leberwursthäute der Welt in der Dämmerung an der Linde vorbei. Denn als er einmal dort hinter den Wieselchen herumschnüffelte, hatte ihn das Eulenpaar überfallen und ihm so zugesetzt, daß er für immer genug davon hatte. Und er war kein kleiner Hund, sondern ein großer Kerl von einem Bernhardiner.

So störte niemand die Käuze, und sie fühlten sich ganz als Herren der Linde und des alten Glockenturmes. Das sah man daran, daß sie am hellen Tage, besonders an warmen Morgen, ganz vergnügt auf einem Aste oder auf einem Balken des Turmes saßen, sich von der Sonne bescheinen ließen und sich putzten und juckten. So vertraut waren sie, daß es ihnen ganz gleich war, wenn eine Kohlmeise sich über sie setzte und sie beschimpfte, und die Spatzen und die Rotschwänze hatten sich schon an die Eulen gewöhnt und ließen sie in Ruhe, zumal ihnen nicht zu trauen war, denn wenn die jungen Eulen zu laut nach Fraß piepten, flogen die Alten am hellen Tage auf Raub aus und griffen manchen Spatzen und auch wohl eine Amsel oder auch einen flüggen Star.

Den Leuten im Dorfe war das gleichgültig, denn Spatzen, Amseln und Stare gab es im Dorfe genug. Aber es gab auch Ratten, und die machten die Käuze mit der Zeit dünne. Überall auf den Höfen schwebten sie in der Dämmerung umher, und wehe der Maus und der halbwüchsigen Ratte, die ihnen in den Wurf kam! Ehe sie es sich versahen, faßten sie die nadelscharfen Krallen, der Schnabel drückte ihnen das Hinterhaupt ein, und fort ging es nach der Linde, wo vier dicke, graue, weißflokkige Wollklumpen auf den Ästen vor dem Nistloche saßen und gierig den Eltern die Beute fortrissen.

Da niemand die Eulen störte, wurden die Jungen bald ebenso keck wie die Alten. Am hellichten Tage kletterten sie aus dem Loche heraus, erstiegen einen Ast, auf dem die Sonne lag, ließen sich bescheinen und sahen mit halbgeschlossenen Augen auf das Leben und Treiben, das sich auf der Straße jenseits der Friedhofsmauer abspielte. Wenn ein Mensch vorüberging, ein Wagen vorüberfuhr oder das Vieh dort hergetrieben wurde, rührten sie sich nicht. Sobald sich aber ein Hund oder eine Katze sehen ließ, richteten sie sich auf, wakkelten mit den dicken Köpfen, rissen die Glotzaugen auf, fauchten und knappten mit den Schnäbeln, und der Hund oder die Katze warf einen scheuen Blick nach der Linde, senkte den Schwanz oder richtete ihn empor und beschleunigte seine Schritte. Und wenn sie hungerte, dann piepten sie so lange, bis es der Vater und die Mutter nicht mehr aushielten, ihre Schlafplätze im Lindenlaube oder in dem Glockenturmwinkel verließen und bei Tage dem Holze zustrichen, um mit einer Maus, einer Eidechse, einem Frosche oder einem großen Käfer zurückzukehren.

Darben brauchten die Jungen nicht; unglaubliche Mengen von Unzeug schleppten die Alten herbei. Die Maus mochte noch so schnell und das Wiesel noch so flink sein, viel schneller war der Kauz, viel flinker die Käuzin. Kein Flügelschlag verriet ihr Kommen; lautlos schwebten sie über das Feld, unhörbar rüttelten sie über dem Raine, und niemals stießen sie fehl. Dem Hirschkäfer halfen seine Zangen ebensowenig wie der Kreuzotter ihr Gift; wo die Krallen der Käuze hingriffen, da half kein Kneifen, nützte kein Beißen; verloren war alles, was sie erfaßten.

So mangelte es der Eulenbrut nie an Futter, und sie wuchs und gedieh, schob aus dem Dunenkleide Speile und Federn, und aus den unförmigen Wollklumpen wurden langsam ansehnliche Käuze, die zwar noch immer hinter den Alten herbettelten, aber doch schon ab und zu den Versuch machten, selber eine Maus zu fangen. Anfangs stellten sie sich noch dumm genug an und griffen sogar dann noch vorbei, wenn der Kauz oder die Käuzin eine halbtote, zappelnde Maus vor ihnen fallen ließ. Aber heute lernte der eine, im rechten Augenblicke auf den Frosch zu stoßen, morgen glückte es einem anderen, den Maulwurf im taufeuchten Wege zu schlagen, und bald konnten sich die viere selbst ernähren, und die Alten bissen sie von sich fort.

Damit zerriß auch das Band zwischen Kauz und Käuzin. Beide strichen ziellos hin und her, den Mäusen nach, und wo es viele gab, dort blieben sie, bis sie und Wiesel, Hermelin, Turmfalke und Bussard deren Reihen gelichtet hatten, und dann zogen sie anderen Feldern zu. Als aber der Winter herankam, suchte der Kauz wieder das Dorf und sein Loch im Lindenbaume, von dem er abends abstrich, um still und heimlich auf Mäusejagd zu fliegen. Gab es aber laue, nebelige Abende, dann übte er seine Stimme und quietschte und heulte, aber lange nicht so laut und so voll und so anhaltend, wie er im Märzen schrie, als er den Frühling einsang.

EDUARD MÖRIKE

Storchenbotschaft

Des Schäfers sein Haus und das steht auf zwei Rad,
Steht hoch auf der Heiden, so frühe wie spat;
Und wenn nur ein mancher so'n Nachtquartier hätt!
Ein Schäfer tauscht nicht mit dem König sein Bett.

Und käm ihm zu Nacht auch was Seltsames vor,
Er betet sein Spüchel und legt sich aufs Ohr;
Ein Geistlein, ein Hexlein, so lustige Wicht',
Sie klopfen ihm wohl, doch er antwortet nicht.

Einmal doch: da ward es ihm wirklich zu bunt:
Es knopert am Laden, es winselt der Hund;
Nun ziehet mein Schäfer den Riegel – ei schau!
Da stehen zwei Störche, der Mann und die Frau.

Das Pärchen, es machet ein schön Kompliment,
Es möchte gern reden – ach, wenn es nur
könnt!
Was will mir das Ziefer? Ist so was erhört?
Doch ist mir wohl fröhliche Botschaft beschert.

Ihr seid wohl dahinten zu Hause am Rhein?
Ihr habt wohl mein Mädel gebissen ins Bein?
Nun weinet das Kind und die Mutter noch
mehr,
Sie wünschet den Herzallerliebsten sich her?

Und wünschet daneben die Taufe bestellt:
Ein Lämmlein, ein Würstlein, ein Beutelein
Geld?
So sagt nur, ich käm in zwei Tag oder drei,
Und grüßt mir mein Bübel und rührt ihm
den Brei!

Doch halt! warum stellt ihr zu zweien euch ein?
Es werden doch, hoff ich, nicht Zwillinge sein? –
Da klappern die Störche im lustigsten Ton,
Sie nicken und knixen und fliegen davon.

RAINER MARIA RILKE

Flamingos

In Spiegelbildern wie von Fragonard
ist doch von ihrem Weiß und ihrer Röte
nicht mehr gegeben, als dir einer böte,
wenn er von seiner Freundin sagt, sie war

noch sanft von Schlaf. Dann steigen sie
ins Grüne
und stehn, auf rosa Stielen leicht gedreht,
beisammen, blühend, wie in einem Beet,
verführen sie verführender als Phryne

sich selber; bis sie ihres Auges Bleiche
hinhalsend bergen in der eignen Weiche,
in welcher Schwarz und Fruchtrot sich
versteckt.

Auf einmal kreischt ein Neid durch die Volière;
sie aber haben sich erstaunt gestreckt
und schreiten einzeln ins Imaginäre.

ALEJANDRO R. ROCES

Von Hähnen und Hennen

Eines Tages entstand zwischen meinem Bruder Kiko und mir ein heftiger Streit um ein höchst absonderliches Huhn. Es war so absonderlich, weil man nicht sagen konnte, ob es ein Hahn oder eine Henne sei. Mein Bruder behauptete, es sei ein Hahn, und ich behauptete, es sei eine Henne. Es fehlte nicht viel, und wir hätten uns gegenseitig umgebracht.

Die Geschichte begann eines Morgens in der Frühe, als Kiko und ich die Hühner aus dem Maisfeld scheuchten. Die Maiskörner waren soeben erst gepflanzt worden, und die Hühner kratzten sie hervor, um sie aufzupicken. Plötzlich vernahmen wir das abgehackte Schlagen von Flügeln. Wir liefen in die Richtung des Geräusches und entdeckten am

äußersten Ende des Feldes zwei Hühner, die miteinander kämpften. Aber in dem Wirbel aus Federn und Staub waren sie nicht genauer zu erkennen.

»Schau mal, wie dieser Hahn kämpft!« rief mein Bruder entzückt und zeigte auf eines der Hühner. »Na, wenn ich einen solchen Hahn hätte, könnte ich auf dem Kampfplatz ein Vermögen verdienen.«

»Komm, fangen wir das Huhn ein«, schlug ich vor.

»Nein, du bleibst hübsch hier. Ich fange es allein ein«, sagte Kiko.

Möglichst unauffällig ging er auf die beiden Hühner zu. Sie kämpften mit solcher Leidenschaft, daß sie sein Nahen nicht gewahr wurden. Als Kiko bei ihnen war, bückte er sich und packte das eine von ihnen am Bein. Es sträubte sich und kreischte und wurde erst still, als Kiko es an beiden Flügeln hielt. Ich rannte hinzu und musterte das Huhn genau.

»Abah!« rief ich. »Das ist eine Henne.«

»Was ist denn los?« fragte mein Bruder. »Hat die Sonne dir das Gehirn versengt?«

»Aber sieh dir doch seinen Kopf an. Es hat weder einen Kamm noch Kehllappen.«

»Weder einen Kamm noch Kehllappen! Wer fragt schon danach! Hast du nicht gesehen, wie dieser Hahn kämpfte?«

»Und trotzdem ist es eine Henne.«

»Eine Henne! Hast du jemals eine Henne mit solchen Sporen gesehen? Oder mit solch einem Schwanz?«

»Ich pfeife auf die Sporen wie auf den Schwanz. Ich sage dir, daß das eine Henne ist. Sieh sie dir doch genau an!«

Kiko und ich, wir konnten uns nicht über den feinen Unterschied einig werden, durch den das Geschlecht der Hühner bestimmt wird. Hätte es sich um einen *Carabao* gehandelt, wäre die Sache einfach gewesen. Da hätte man bloß mal nachzusehen brauchen, und es wäre keine kostbare Zeit mit einer eingehenden Prüfung der Hörner, der Hufe oder des Schwanzes verplempert worden. Ein einziger Blick auf eine ganz bestimmte Körperstelle hätte genügt. Oder eine kurze Musterung seiner Kopfform. Und hätte der Carabao einen Ring durch die Nase gehabt, wäre es zweifellos ein Bulle gewesen. Aber Hühner sind keine

Büffel. So stritten wir den ganzen Morgen hindurch auf dem Maisfeld hin und her.

Auch auf dem Heimweg zum Mittagessen zankten wir uns noch. Als wir vor dem Haus ankamen, band Kiko das Huhn an einen Pflock. Das Huhn lüftete raschelnd seine Flügel, und dann – krähte es!

»Da hast du's!« rief mein Bruder triumphierend. »Hast du das gehört? Vielleicht willst du mir jetzt weismachen, daß ein Huhn krähen und ein Carabao fliegen kann!«

»Und doch bleibt es ein Huhn, mit und ohne Krähen«, sagte ich.

So ging das am Mittagstisch weiter, bis es Mutter zuviel wurde. »Wie oft hat Vater euch Jungen gesagt, daß ihr bei Tisch nicht zanken sollt. Worum handelt es sich denn eigentlich?«

Wir sagten es unserer Mutter, und sie ging hinaus, um sich das Huhn anzusehen. Als sie zurückkam, sagte sie: »Dieses Huhn ist ein *Binabae*, ein Hahn, der wie eine Henne aussieht.«

Damit schien unser Streit sein Ende gefunden zu haben. Dann aber ging auch Vater hinaus und gab gleichfalls seine Meinung zum besten. »Nein, Mutter«, sagte er, »du irrst dich.

Dieses Huhn ist eine *Binalalake*, eine Henne, die wie ein Hahn aussieht.«

»Hast du wieder getrunken?« fragte Mutter.

»Nein«, antwortete Vater.

»Wie kannst du dann behaupten, daß dieser Hahn eine Henne ist? Hast du jemals eine Henne mit derartigen Federn gesehen?«

»Nein. Aber vergiß nicht, daß ich seit meiner Schulzeit mit Kampfhähnen zu tun hatte. Du kannst mir nicht einreden, daß dieses Biest da ein Hahn sei.«

Mehr und mehr gerieten nun auch Vater und Mutter in Streit um das Huhn. Und bald schon kamen Mutter die Tränen. Sie kamen ihr oft, wenn sie sich mit Vater zankte. Schluchzend sagte sie: »Du weißt ganz genau, daß das ein Hahn ist. Du bist einfach nur niederträchtig und trotzig.«

»Tut mir leid«, sagte Vater, »aber eine Henne erkenne ich auf den ersten Blick.«

Dann legte er seinen Arm um Mutters Schultern und gab ihr wie stets, wenn Mutter weinte, viele Kosenamen wie »Meine Königin Elena«, »Meine Madonna«, »Mein Herz aller Herzen«. Verlegen stahlen Kiko und ich uns hinaus, ohne unsere Mahlzeit beendet zu haben.

»Ich weiß, wer dieses Rätsel lösen kann«, sagte mein Bruder.

»Wer denn?« fragte ich.

»*Tenienteng* Tasio.«

Tenienteng Tasio war unser Dorfschulze. Ich glaubte nicht daran, daß der *Teniente* der rechte Mann sei, um unser Problem zu entscheiden, denn Tenienteng Tasio war ein Philosoph. Damit will ich sagen, daß er seine seltsamen Meinungen mit noch seltsameren Gründen erklärte. Zum Beispiel hatte er etwas gegen Hahnenkämpfe. Nun gibt es ja viele Leute, die den Hahnenkampf verurteilen, sei es, daß er in ihren Augen grausam ist oder daß sie das dabei übliche Wetten als Glücksspiel verdammen. Der Teniente machte keinen dieser Gründe geltend, sondern sprach einfach nur von Zeitvergeudung. Weshalb? Weil es seit langem erwiesen sei, daß ein Kampfhahn den anderen besiegen kann. Eine Tatsache allerdings sprach zugunsten von Teniente Tasio: Er war der älteste Mann im Barrio. War er deshalb auch noch kein Ornithologe, so mußten wir doch zugeben, daß alles, was er sagte, besonderes Gewicht hatte, weil es von einer Person im weißen Haar geäußert wurde. Deshalb widersprach ich nicht, als Kiko vorschlug, den Teniente zu befragen, und geruhte, ihn als Schiedsrichter in unserem Streit anzuerkennen. Kiko band also das Huhn los, und wir begaben uns beide zum Dorfhäuptling.

»Tenienteng Tasio«, fragte Kiko, »ist dieses Huhn ein Männchen oder ein Weibchen?«

»Das ist eine Frage, die nur ein anderes Huhn interessieren dürfte«, antwortete der Philosoph. – Beide waren wir von dieser Auskunft enttäuscht, aber Kiko blieb hartnäckig und versuchte einen anderen Vorstoß. »Sieh mal, Teniente«, sagte er, »die Sache ist nur die, daß mein Bruder und ich ein besonderes Interesse gerade an diesem einzelnen Huhn haben. Deshalb ist uns an einer klaren Antwort gelegen. Du brauchst nur ja oder nein zu sagen. Ist das hier ein Hahn?«

»Noch nie in meinem Leben habe ich solch einen Hahn gesehen«, sagte der Teniente.

»Dann ist es also eine Henne?« fragte ich.

»Noch nie in meinem Leben habe ich solch eine Henne gesehen.«

Sprachlos sahen wir einander an, mein Bruder und ich, und sprachlos blieben wir eine ganze Weile lang. Dann fragte Tenienteng Tasio:

»Habt ihr je zuvor ein solches Tier gesehen?«

Beide mußten wir zugeben, daß dies nicht der Fall war.

»Woher wißt ihr dann, daß es ein Huhn ist?«

»Was sollte es denn sonst sein?« versetzte Kiko.

»Es könnte ja irgendein anderer Vogel sein.«

»Beim Himmel, nein!« rief Kiko, und wir zogen unseres Weges.

»Na und? Was machen wir jetzt?« fragte ich.

»Ich weiß, was wir machen«, antwortete mein Bruder. »Wir gehen zur Stadt und fragen Herrn Cruz. Er müßte es wissen.«

Herr Eduardo Cruz wohnte in der nahe gelegenen Stadt Alcala. Er hatte Geflügelzucht in Los Baños studiert und betrieb eine große Hühnerfarm. Als wir dort ankamen, hielt Herr Cruz gerade sein Nachmittagsschläfchen, und Kiko ließ unser Huhn im Hof laufen.

Die anderen Hühner wollten nichts mit ihm zu tun haben. Sie hielten sich nicht nur möglichst weit von ihm entfernt, sondern schienen auch nicht daran interessiert zu sein, welchem Geschlecht es angehörte. Unser Huhn kümmerte das nicht. Es jagte einige Hühnchen und spielte ihnen schändlich auf.

»Na bitte!« rief mein Bruder. »Nun ist doch wohl bewiesen, daß es ein Hahn ist.«

»Nichts dergleichen ist bewiesen«, widersprach ich. »Bewiesen ist nur, daß es die Instinkte eines Hahnes hat. Trotzdem kann es eine Henne sein.«

Nachdem der Geflügelzüchter seine Siesta beendet hatte, nahmen wir unser Huhn und gingen in sein Büro. »Mr. Cruz«, fragte Kiko, »ist dies eine Henne oder ein Hahn?«

Der Züchter musterte neugierig unseren Vogel, machte dann »Hm« und sagte: »Ich weiß nicht. Auf den ersten Blick könnte ich das nicht entscheiden. Noch niemals ist mir solch ein Hühnchen vor Augen gekommen.«

»Und gibt es gar keine Kennzeichen?«

»O doch, gewiß. Seht euch die Schwanzdeckfedern an. Sind ihre Enden abgerundet, ist es eine Sie, sind sie zugespitzt, ist es ein Er.«

Alle drei betrachteten wir genau die Schwanzdeckfedern. Es hatte beide Arten.

»Hm, wirklich sonderbar«, sagte Herr Cruz.

»Besteht kein anderer Weg?« fragte ich.

»Ich könnte es töten und untersuchen, wie es innen aussieht.«

»Nein, ich möchte nicht, daß es getötet

wird«, sagte mein Bruder. Ich nahm das Huhn in meine Arme, und wir pilgerten zurück zu unserem Dorf. Kiko blieb schweigsam und dachte nach. Plötzlich schnippte er mit den Fingern und rief: »Ich weiß, wie ich dich davon überzeugen kann, daß dies ein Hahn ist.« – »Wie denn?«

»Würdest du dich geschlagen geben, wenn ich ihn in der Kampfgrube kämpfen lasse und wenn er gewinnt?«

»Wenn diese deine Henne einen Kampfhahn besiegt, glaube ich alles, was du willst«, antwortete ich.

»Abgemacht«, sagte er. »Nächsten Sonntag bringen wir das Huhn zur Kampfgrube.«

Also gingen wir am folgenden Sonntag zum Hahnenkampfplatz. Kiko sah sich nach einem geeigneten Gegner um und entschied sich schließlich für einen roten Kampfhahn. Ich erkannte in ihm einen Veteranen der Kampfgrube wieder, denn er hatte einst den Umschlag des Hahnenkampfmagazins *Pintakasi* geschmückt. Und einmal war der alte Kämpe in den Wald entronnen und hatte alle Hennen von den Farmen in der Nachbarschaft mit sich gelockt. Schlangenhaft erhob der rote Ritter seinen Kopf, maß hochmütig unser Huhn und schüttelte sein sichelförmiges Schwanzgefieder. Dieser Anblick tat mir weh, denn ich wußte, daß ein brünstiger Kampfhahn doppelt so wild ist.

»Setze dein Huhn nicht gegen diesen Hahn an«, sagte ich zu Kiko. »Er gehört nicht zur heimischen Rasse, sondern ist ein Texaner.«

»Das besagt für mich gar nichts«, entgegnete mein Bruder. »Mein Hahn wird ihn töten.«

»Sei kein Narr«, redete ich weiter auf ihn ein. »Dieser Rote ist ein Killer. Er hat mehr Hühner gekillt als die Cholera. Es gibt keinen Hahn in der ganzen Provinz, der seine schweren Schläge aushalten kann. Wähle einen weniger furchtbaren Hahn aus.«

Aber mein Bruder wollte nicht hören. Das Duell wurde abgemacht, und die Vögel wurden für den Kampf hergerichtet. Ihren linken Füßen wurden die säbelförmigen Sporen angelegt. Ich richtete ein stilles Gebet an Santa Rita de Casia, die Schutzpatronin des Unmöglichen. Dann begann der Kampf. Beide Vögel wurden in der Mitte der Arena freigelassen. Der Texaner kratzte den Boden, als scharre er ein Grab für seinen Gegner aus. Im nächsten Augenblick

gingen die gefiederten Kämpen aufeinander los. Ich erwartete, daß unser Huhn sterben oder vor Furcht erstarren würde. Aber in den Augen des roten Hahns erschien ein liebeskranker Ausdruck. Dann verfiel er in einen Liebestanz. Natürlich war das ein höchst überraschendes Ereignis für jedermann, besonders aber für diejenigen, die auf den Texaner gewettet hatten. Denn es war ganz offensichtlich, daß er für unser Huhn von blinder Leidenschaft erfüllt war und daß er einzig von Liebesgefühlen und keinerlei anderen Regungen bewegt wurde. Doch ehe wir alle noch zur Besinnung kommen konnten, schoß unser Federvieh mit gesträubtem Gefieder gegen den roten Hahn vor. Mit einem einzigen Hieb zerfleischte es mit seinen Sporen seines Gegners Brust. Der Kampf war vorbei! Der Schiedsrichter rief unser Huhn als Sieger aus.

»*Tiope!* Tiope! Abgekartetes Spiel!« schrien die Zuschauer. Ein Aufruhr brach los. Die Leute rissen die Bänke auseinander und benutzten sie zum Dreinschlagen. Mein Bruder und ich mußten uns durch eine Seitentür aus dem Staube machen, wobei ich den siegreichen Vogel unter meinem Arm hielt. Wir rannten auf das Kokosnußwäldchen zu und rannten weiter, bis wir der wütenden Menge entkommen waren. Nachdem wir uns in Sicherheit wußten, setzten wir uns auf den Boden und verschnauften. Beide keuchten wir wie Jagdhunde nach einer Hatz.

»Bist du nun davon überzeugt, daß es ein Hahn ist?« fragte mein Bruder zwischen zwei Atemstößen.

»Ja«, antwortete ich. Ich war heilfroh, daß die ganze Geschichte vorüber war. Aber das Huhn hatte seine eigenen Gedanken. Es begann zu zittern. Dann fiel etwas auf meine Hand, etwas Rundliches und Warmes. Das Huhn kakelte vor Gelächter. Ich sah hinab und erblickte – ein Ei!

FRIEDRICH NIETZSCHE

Vereinsamt

Die Krähen schrein
Und ziehen schwirren Flugs zur Stadt:
Bald wird es schnein –
Wohl dem, der jetzt noch Heimat hat.

Nun stehst du starr,
Schaust rückwärts, ach, wie lange schon,
Was bist du Narr
Vor Winters in die Welt entflohn?

Die Welt – ein Tor
Zu tausend Wüsten stumm und kalt;
Wer das verlor,
Was du verlorst, macht nirgends halt.

Nun stehst du bleich,
Zur Winter-Wanderschaft verflucht,
Dem Rauche gleich,
Der stets nach kältern Himmeln sucht.

Flieg, Vogel, schnarr
Dein Lied im Wüstenvogel-Ton.
Versteck, du Narr,
Dein blutend Herz in Eis und Hohn.

Die Krähen schrein
Und ziehen schwirren Flugs zur Stadt:
Bald wird es schnein –
Weh dem, der keine Heimat hat.

GABRIEL GUIGNARD

Béberts Gans

Das Besondere an Béberts Gans war, daß man sie wegen ihrer Größe, ihres Gewichts und ihres Stammbaums im ganzen Landkreis kannte und daß keiner, von ihren Besitzern angefangen, sich an sie herantraute. Sie hieß Sophie und wog gut und gern ihre dreißig Pfund. Denken Sie sich dazu einen Schnabel wie eine Kneifzange, einen armdicken Hals und Füße, deren jeder groß genug war, einen ganzen Teller zu bedecken, und stellen Sie sich vor, daß sie ständig den Hals reckte und wie ein Gänserich zischte, sobald es sich einer einfallen ließ, sie anzusehen, und Sie machen sich so einigermaßen ein Bild von dem Vieh.

»Es hilft alles nichts«, sagte Bébert eines Tages und seufzte tief, als er sie, eine Woche vor Weihnachten, mit schiefen Blicken musterte. »Seit fünf Jahren mästen wir sie. Einmal muß sie ja nun in den Topf. Die Leute machen sich schon über uns lustig.«

»Einverstanden«, sagte seine Frau, die sich hütete, ihm in einem so heiklen Punkt zu widersprechen. »Aber wer soll das Biest denn abstechen?«

»Na, ich natürlich!« antwortete Bébert. »Allerdings muß man sie zuerst einmal erwischen.«

»Freilich, freilich«, sagte die Frau wieder. »Aber wer wird sie denn erwischen?«

Bébert kratzte sich den Schädel.

»Wenn wir alle uns zusammentun«, meinte er, »kriegen wir sie vielleicht zu fassen.«

Als aber Sophie, die offenbar davon Wind bekommen hatte, daß man da hinten in der Ecke von ihr redete, mit gestrecktem Hals und zischend wie eine Schlange mit Füßen und Federn schnurgerade auf ihn zugeschossen kam, hielt Bébert es doch für ratsam, mit seiner Frau in die Küche zu flüchten und die Tür hinter sich zu verriegeln, um in Ruhe zu überlegen, wie dem vermaledeiten Biest beizukommen wäre.

Denn es war jedes Jahr dasselbe. Seit fünf Jahren mästeten sie die Gans, um sie zu Weihnachten zu verspeisen. Zu Weihnachten! Je länger sie warteten, desto schwerer und fetter wurde sie, ein Untier, reizbar wie der Teufel und rachsüchtig. Sie konnten doch nicht warten, bis sie an Altersschwäche einging, um sich dann auf sie zu stürzen und sie zu verschlingen... Ihr Fleisch wäre bis dahin zäh wie Leder, und die Leute würden sie für verrückt erklären. Schon jetzt... Mit einem Wort: Es war höchste Zeit!

Stellen Sie sich vor: Im Siebenundvierzigerjahr hatte sie den ältesten Sohn mit einem einzigen Flügelschlag in die Jauchengrube befördert. Im Jahr darauf kam der jüngste an die Reihe und lag auf einmal mitten im Schweinekoben und streckte alle viere von sich. Im Jahre neunundvierzig hätte sie der Mutter beinahe mit einem Fußtritt das Schienbein gebrochen, und neunzehnhundertfünfzig – genug! Man würde nie fertig werden, wenn man alle Taten und Untaten dieser Gans aufzählen wollte, die sich weigerte, schnurstracks ins Bratrohr zu wandern. Doch wie sollte man sie fangen?

»Da hilft nur eins: Körner auf die Straße streuen«, hatte der Vater heimtückisch geraten. »Sophie wird sich daran gewöhnen, auf der

Straße herumzuspazieren, und früher oder später fährt ein Auto sie tot, und dann ...«

Das war neunzehnhunderteinundfünfzig gewesen, und was war dabei herausgekommen? Der Autofahrer hatte sich beinahe den Schädel an der Windschutzscheibe eingeschlagen, weil er verhindern wollte, daß diese monumentale Gans seinen Zweisitzer demolierte, und Bébert mußte ihm ein Schmerzensgeld zahlen, um sich weitere Scherereien vom Halse zu halten. Das schwierige Problem harrte noch immer seiner Lösung.

»Ich hab 'ne Idee«, sagte der Vater (im Jahre zweiundfünfzig), schlug sich vor die Stirn und trank sein Glas aus, denn das angestrengte Nachdenken hatte ihn ganz ausgetrocknet. »Paß mal auf ...«

In diesem Jahre also setzten sie den Großvater in seinen Rollstuhl und zogen ihn in die Mitte des Hofes. Dann streuten sie Körner um den alten Mann und hielten sich in Bereitschaft – die einen in der Scheune versteckt, die anderen in der Küche und ein paar sogar in den Klos, alle mit einem Knüttel oder einer Bratpfanne bewaffnet. Man hatte den Großvater genommen, weil er der einzige war, dem die

Gans sich ohne Argwohn näherte. Zweifellos hielt sie ihn wegen seines hohen Alters für nicht ganz zurechnungsfähig.

Es kam, wie es kommen mußte: Sophie bemerkte den verschwenderisch ausgestreuten Mais, watschelte zu dem Alten hin und begann zu fressen. Der Großvater nahm, wie vereinbart, das bißchen Kraft zusammen, das er noch hatte, und richtete sich – nur Mut! – mit einem Ruck auf, um der Gans, die gerade vor seinen Füßen stand, eins zu versetzen. Da kippte sein Stuhl um. Im selben Augenblick kamen Bébert und sein Gefolge mit erhobenen Waffen angerannt, und wer zuletzt halbtot auf dem Pflaster zusammengeklaubt wurde, war der unglückliche Alte.

»Ich hab sie! Ich hab sie!« schrie da plötzlich Emile, der Benjamin, dem es gelungen war, Sophie außer Gefecht zu setzen, indem er ihr

mit der Gabel seiner Schleuder den Kragen gegen die Hauswand drückte. »Ich hab sie!«

»Aus dem Burschen wird noch mal ein General!« schrie Bébert.

Und alle stürzten Emile zu Hilfe. Endlich! Sophie war gefangen, und nun würde sie ihr blaues Wunder erleben. Sollte sie nur zischen, die großen Augen verdrehen und mit Füßen und Flügeln gegen die Mauer schlagen. Diesmal mußte sie dran glauben!«

»Ja, aber wie bringen wir das Vieh denn um?« fragte die Mutter.

Und Bébert großartig: »Ich werde sie erschießen!«

Es galt, die anderen durch eine ganz außergewöhnliche Maßnahme in Erstaunen zu setzen und die Ehre der Familie zu retten.

Bébert befiehlt also seinen Söhnen, zwei Rebstangen nebeneinander aufzupflanzen, und geht sein Gewehr holen. Zurückgekehrt, befiehlt er, die verflixte Gans an diesen beiden improvisierten Pfählen festzubinden.

»Weg!« schreit er und legt an.

Alle treten zur Seite, der Vater zielt, aber da fangen die anderen an zu flennen, und seine Hand zittert. Sophie dreht mit stocksteifem

Hals den Kopf nach rechts und nach links und wirft ihnen verzweifelte Blicke zu, flehende Blicke, möchte man beinahe sagen, so als fragte sie, was das bedeuten sollte, was man denn mit ihr vorhabe...

Und alle sehen Sophie wieder vor sich, wie sie noch ganz klein war – ein flaumiges Gänsekücken, das ihnen aus der hohlen Hand fraß.

»Gnade!« fleht irgendeiner.

»Ruhe!« schreit der Vater und zerdrückt selbst mit dem Daumen eine Träne. »Verbindet ihr die Augen. Sie macht mich ganz nervös.«

Der älteste Sohn tritt vor, zieht sein Taschentuch, verbindet Sophie die Augen, unterdrückt einen tiefen Schluchzer und tritt zurück. Der Vater legt wieder an und zielt aufs Herz. Totenstille. »Nun wird's aber Zeit«, denkt er. »Das dauert schon viel zu lang!« Die Nachbarn stehen schon am Zaun und reißen ihre Witze.

»Klick!«

Der Schuß ging nicht los, und er wird auch nicht losgehen. Das Zündhütchen ist zu feucht, oder der Hahn ist ausgeleiert. Bébert stellt das Gewehr bei Fuß und trocknet sich die Stirn, während die Familie aufatmet. Er erklärt feierlich:

»Das Schicksal hat gesprochen. Nehmt ihr die Binde ab und laßt sie in Ruhe. Zu Weihnachten... essen wir diesmal Kalbfleisch.«

Und zu den Nachbarn gewandt fügt er hinzu:

»Den ersten, der sich einen Witz erlaubt, hau ich grün und blau.«

Sophie, fetter als je zuvor, verlebt noch immer geruhsame Tage im Schoße der Familie Bébert, denn sie weiß nun, daß ihr nichts passieren kann.

CHRISTIAN FÜRCHTEGOTT GELLERT

Der Kuckuck

Der Kuckuck sprach mit einem Star,
Der aus der Stadt entflohen war.
Was spricht man, fing er an zu schreien,
Was spricht man in der Stadt von unsern
Melodeien?
Was spricht man von der Nachtigall?

»Die ganze Stadt lobt ihre Lieder.«
Und von der Lerche? rief er wieder.
»Die halbe Stadt lobt ihrer Stimme Schall.«
Und von der Amsel? fuhr er fort.
»Auch diese lobt man hier und dort.«
Ich muß dich doch noch etwas fragen;
Was, rief er, spricht man denn von mir?
Das, sprach der Star, das weiß ich nicht zu sagen;
Denn keine Seele redt von dir.
So will ich, fuhr er fort, mich an dem Undank rächen,
Und ewig von mir selber sprechen.

JOÃO GUIMARÃES ROSA

Die Reiher

Sie waren alte Bekannte. Gemeinsam erschienen sie Jahr für Jahr, häufig um den Winter. Ein Paar. Sie kamen den Fluß entlang, von der Quelle her, nördliche Vögel, in langem Flug – und hielten in Sirimim, ihrem Tal. Sie blieben nur eine Weile in dem kleinen, kleinen Landstrich. War die Zeit, waren die Wochen verlebt, kehrten sie um. Wieder den Fluß entlang, dem Norden zu, dem Horizont entgegen, soviel ihre Schwingen umspannten. Sie waren wohl in der Hochzeit, weil dann ihr Gefieder reiner wird und makellos, hin und wieder gaben sie es zutraulich, zärtlich mit ihrem häßlichen Krächzen zu erkennen. Sie gehörten zu der weißen, großen Reiherart von übertrieben bräutlichem Weiß. Sie stellten sich ein, wenn man überhaupt nicht an sie dachte, sie am wenigsten erwartete. Ganz plötzlich: nur Reiher erscheinen so. Dann aber mochte man sie jedesmal gerne leiden. Sie brauchten nur da zu sein mit ihrem hinterlistigen Weiß – und schon sah man Grün grüner, das Himmelblau stärker, ungetrübt, ohne Flecken. Sie besuchten uns, weil sie Lust hatten, aber allmählich gehörten sie zu uns. Ob sie noch eine andere Botschaft brachten?

In jenem Jahr war es wieder so. Es ist lange her, es muß um den Juni, Juli gewesen sein. Des Morgens, kaum warst du erwacht, standen sie schon mitten in der großen Niederung, angezogen und aufgepflanzt. An Fischen fehlte es ihnen nicht: all das kleine Gewimmel, massenweise, außerdem Frösche, Kröten, Schlangen und anderes winziges Getier, das sich regte. Ihre Schnäbel, zeigergenau, stocherten in den Mooren. Sie spazierten am Uferstreifen entlang, liefen den ganzen Sirimim hinunter, verfolgten den Sirimim, fischten im Sirimim. Sie tummelten sich sogar in den Wasserrinnen und kleinen Becken des Gemüsegartens, zum Ärger Joaquims, der sein Gemüse, der Schäden argwöhnisch belauerte. »Fort! Fort!« jagte er sie, drohte er hinter ihnen her. Und sie, immer beide: »Dschet! Dschet!« schon in der Luft. Ein

Weilchen flogen sie niedrig umher oder glitten auf, weiter weg, federleicht, in Ringen, Kreisen, von oben nach dem geringsten Lebenszeichen im Reisfeld spähend. Im Gleitflug schwebten sie über Pedro hin. »Hoi! Du drolliges Tier, Reiherbiest...« Das war seine Art, sie zu schätzen. Im schrägen, haarscharfen Flug bogen sie herwärts, schlugen lärmend mit den Flügeln, setzten zum Tiefflug an, schossen dicht vor der Küche hin und her und schüttelten Wind auf. »Kreuz! So nah hab ich das Zeug noch nie gesehen...«, rief Maria-Eva und mußte doch lachen. Die blonde Lourinha und Lúcia, die dagegen pechschwarz war, ließen ihr Spielzeug liegen. »Sie werden langsam zahm, ob sie länger bei uns wohnen wollen?« fragte Lourinha ernsthaft.

Nigra verfolgte auf dem Erdboden bellend ihre Schatten, die mit einemmal langgestreckt vorüberhuschten. Dann blickte sie ihnen aufwärts nach, den schnellen, flügelschlagenden, beide weiß und behende. Nigra so schwarz, sie – die Weißen. Und das noch mehr, wenn sie an den Rändern der Wiese, schraffiert von Gräsern, nachdenklich beieinanderstanden. Dort verhüllte sie wie ein Vorhang Binsen oder Reis.

Sie verschwanden und tauchten auf, lebende Flecken des Festen – das ichgewordene Weiß. Man hätte am liebsten sein Gesicht darin ausgeruht zu einem anderen Schlaf. Sie ließen unsere Augen nicht los, sie klammerten sich an sie, ihre dicke Milch, ihr Reiherweiß hielt unseren Blick. Selbstvergessen standen sie in Bereitschaft, einbeinig, auf schwarzen Stelzen. Endlosigkeit mimend. Und so betrachteten sie sich in den kleinen Wasserspiegeln, vorläufig, in Abständen. Allein, stundenlang. Doch – schwapp! – dann und wann ein Zwacken, ein Flappen, und blitzschnell sauste der Schnabel, und kein noch so kleiner Fisch entkam in dem zerstiebenden Schwarm. Und noch einmal. Danach flatterten sie plötzlich auf, entschwebten dem Grün, wie verweht, halbhoch, höher, kein Zittern, und schwangen ein in das Kreisen des Karussells, ohne aus ihren Kissenbezügen zu schlüpfen. Schön war es, sie zu begleiten: Im Fluge rudert der Reiher langsam. Nigra bellte erbost.

»Sie sind doch das Gegenteil von Jaboticaba-Beeren, nicht?« So – fand Lourinha – müsse man sie beschreiben. Man wußte, daß Irene, die sich ein paar ihrer Federn wünschte, versucht hatte, sie in großen bodenlosen Fallen zu fangen. Dengo, im Jäten des Gartens innehaltend, sagte, das Kinn vorgestreckt: »Es heißt, das Fleisch taugt nichts, es ist trocken, trocken und schmeckt ranzig nach Fisch...« Und sie flogen durchs »Bambusgehölz der Amsel«, sie zogen vor, im Gemüsegarten zu landen, der leuchtete von Gewässern. Um zu landen, kam der eine mit vorgestreckten Füßen von oben herab, die Schwingen leicht gekrümmt, lot- und senkrecht wie heute ein Hubschrauber. Aber schon kam ihm der andere zuvor und berührte den Boden: aber nicht fest, unmittelbar, nein, wie ein Aasgeier mit drei kurzen Sätzen – Taff! Taff! Taff! – mitunter erschrak man. Joaquim brummte, gestand: er hatte nichts gegen sie, sie mußten das sichere Zeichen für guten Regen sein. Sie näherten oder entfernten sich ohne Hast, inmitten der kleinen Gemüsebeete, sie gingen auf ihren schwarzen spindeldürren Beinen, hoben das eine, den Fuß hoch, sehr hoch gereckt, die Krallen eingezogen und eingerunzelt: Toff! So beschrieb es Lourinha.

Nigra lauerte den Vögeln auf, bellte und stürzte vor, mit gespitzten Ohren und unsicherer Eile. Doch sie rannte über die kleine, aus

vier glitschigen Bambusstecken gefertigte Brücke, rutschte aus vor Übermut und blieb mit den Beinen stecken, vor lauter Ungeduld. Bis sie wieder loskam, hing sie mit ihrem schweren Körper zwischen den Stäben und ruderte mit den Pfoten im Leeren, in dem diese weder Grund noch Boden fanden. Mittlerweile waren jene aufgeflogen, schlugen heftig, um in Schwung zu kommen, und schon waren sie weit: und flogen dem Regen nach. Sie glitten über Joaquim Serenos Garten hin, kehrten um zu dem von Antônio, gelangten zu einer Sandbank im Fluß, schwebten nieder – ließen sich fallen, gepflückt. Und machten so wirklich: Mai, Jubel, Jungfrauen, Jasmine, Wahrheit, das unbezweifelbare Weiß; dort blieben sie lange. Und auch überall. Doch fast nie überquerten sie die kleine Viehweide unterhalb der Brücke, wo der Sirimim, leicht geschwollen, von Regenfällen vermehrt, mit stärkerer Strömung reißt, wo es weniger Fische gibt oder diese sich aus Angst seltener aufhalten.

Sie schliefen auf der Weide oder auf den Steinen des Ufers oder mitten im Fluß auf den großen Inseln. Auch auf jenem Baum hinter Joaquims Haus, auf dem Cajueiro, heute gefällt und nur noch ein Stumpf. Dort blieben sie schneeig, sie selbst, schon sieben Tage lang. Dann und wann entfernten sie sich auf Stunden, wie's ihnen behagte, aber gegen Abend kehrten sie wieder.

Doch das blieb nicht so.

Eines Nachmittags flogen sie lange, sehr lange fort, und zurück kam nur einer. Es war die Frau, das Weibchen – so erklärte Pedro, der Sachverständige. Wo war der andere geblieben? Jedenfalls ließ er sich nicht wieder blikken, der Verschollene. Der andere – das Männchen – war tot. Dem Pedro nämlich erzählte

Christóvão einfach: dort draußen habe ein Mann erzählt – er habe »ein weißes Tier« gesehen.

Der allein zurückkehrte, flog zuerst kreisend über alle Orte. Sicherlich ermüdet, landete er; und beim Landen fiel er um mit geöffneten Segeln, halb stark und halb schwach, aus Selbstschutz. Aufrecht, unbeweglich, wie es seine Gewohnheit war, weißer als weiß, eine Anmut inmitten der Wiese. Er glich einer großen Lilienknospe, und der Stengel – umgekehrt eingepflanzt. Hin und wieder hörte man, wie er den Gefährten vergeblich rief: rauh, heiser, mit kratzendem Geklapper. Ja, wenn ... Es war kalt, das Lüftchen, gegen Abend. Und schon flog er wieder davon, geknickt und gebrochen, auf der Suche – traurig, traurig. Der Flug des einsamen Reihers war nicht die Hälfte von beiden, zweisamen: nur noch ein Schweben aus Ferne, eine Spirale hoher Sehnsucht, die im Himmel gründete.

Dann, nach drei Tagen, geschah es.

Lourinha und Lúcia kamen morgens zu Pedros Haus gelaufen, um ein Huhn und ein Dutzend Eier zu holen. Dabei gingen sie an dem Quittenstrauch nahe am Sirimimufer hinter der Brücke vorüber und hörten vielleicht ein schwaches Piepsen, sehr leise: Kwiek! Kwiek! Auf dem Rückweg jedoch, versehen mit Eiern und Huhn, war es an derselben Stelle ein böses Bellen: Kwee! Kwee! Das Kwakwa auf dem Höhepunkt.

Es kostete Mühe, es zu finden. Verwickelt in Lianen, mitten im Gras, hingestürzt, hingestreckt, verstrickt und verfangen unter dem Quittenstrauch der Grotte – der Reiher, allein. Blut im Gras. Es war ein Jammer. Ein Flügel böse gebrochen, herabhängend. Alle Federn gesträubt, kreischend, wollte er sich trotzdem noch wehren und teilte wütende Schnabelhiebe aus.

Man mußte das Tier befreien. Sie faßten Mut, die Kleinen. Lúcia konnte ihn leicht am Hals packen, der sich vor lauter Abwehr blähte und plusterte, während Lourinha ihn an den Flügeln faßte, an dem heilen und an dem gebrochenen. Er wog nicht wenig. Weshalb der Reiher, halb gefügig, halb aufbegehrend, versuchte, den eigenen Flügel mit dem Schnabel hochzuheben. Nur dann und wann war sein Kreischen ein Entengequieke.

Als er zu dem kleinen Vorplatz des Hauses

gebracht war, umringten ihn alle ratlos. Ohne Gleichgewicht, der eine Flügel tot herabhängend, konnte er sich nicht mehr aufrecht halten. Ausgestreckt, schlaff, regte er sich nicht. Aber er piepste auch nicht mehr. Er blickte sie an, vage, blinzelnd, mit seinen gelbgrünen Augen in dem abgeflachten, fast schlangenhaften Köpfchen. Der Flügel, dem vier Fingerbreit Knochen fehlten, hing zerschlissen nur mit einem Hautfetzen am Körper. Welche Hauer eines reißenden fürchterlichen Reiherräubers hatten ihn zerstückeln wollen? Immerhin fraß er noch zwei oder drei Fische, die Lourinha und Lúcia mit einem Sieb im Sirimim gefangen hatten. Was sollte man tun?

Cici und Maninho meinten, man müsse den Klotz von einem Flügel abschneiden, sonst würde das Tier nicht am Leben bleiben. Mama und Lourinha und Lúcia wollten es aber nicht, nein. Da man jedoch nur stritt und zu keiner Einigung kam, wurde das Los gezogen. Und so nahm Cici die Schere und schnitt mit einem Ruck die Haut durch, und der verdorbene Flügel schlug auf den Boden. Und unser Reiher, der Fessel ledig, zuckte zusammen, schüttelte sich kräftig und machte sich fort – friedlich, häßlich, glücklich. Lief ein Stück. Nigra, vergrällt, murrte lautlos aus der Entfernung und äugte scheel. Man mußte ihn an einen der Bewässerungsgräben des Gemüsegartens tragen, dort konnte er nach Fischen schnappen und warten, ein paar Schritte machen, verlegen und eher verschüchtert und argwöhnisch. Die große Wiese war jetzt zu weit für ihn, unerreichbar. Dafür spazierte er zwischen den kleinen Wasserbecken und Bächen Joaquims umher, unwirsch und doch ergeben. An die Erde gefesselt und nur noch ein weißes buckliges Etwas, blieb er trotzdem unbefleckt, einsam und schlank. Und doch tauchte er den Schnabel ins Wasser, schnappte zu, spießte auf, verschluckte. Er hatte einen starken Schnabel, rosa-orangefarben. Nie rief er nach dem Gefährten.

Jeden Abend holten wir ihn. Man baute ihm ein Nest aus Stroh im Schuppen neben der Küchentür. »Jetzt läuft er nicht mehr weg, er gehört zu uns, zum Haus…«, lobte Lourinha, um sich zu trösten.

Das währte zwei Tage.

Am dritten starb er.

Er lag da, geronnen, hart, den ganzen Nachmittag, ein gutes Stück weg vom Ufer, gestürzt, erfroren, ganz und gar. Er starb sehr weiß. Welkte.

Lourinha und Lúcia brachten ihn zum letztenmal. Lúcia trug ihn, tat, als sei er noch am Leben und drohe, jähe Hiebe auszuteilen, zum Spaß. Weiß, vom selben, aus Reinheit vollen satten Weiß. Dengo begrub ihn unter den hohen Bambusstauden am Ufer des Sirimim, wo man immer Vögel, Hunde und Katzen beerdigt, die kein Grab haben.

Und der Sachverständige sagte: er sei vor Kälte gestorben, an Lungenentzündung, wegen des fehlenden Flügels, der ihn nicht mehr schützte wie eine Jacke. Der Sachverständige war gekommen, um Nigra zu untersuchen, die ein krankes Auge hatte, rot und entzündet, sie war schon fast blind; und Nigra war eine gutmütige Hündin. Sagte, etwas Spitzes habe ihr Auge durchbohrt; eine Messerspitze, zum Beispiel der Schnabelsporn von Federvieh.

Wir dachten an beide. Woher aus dem Norden waren sie jedes Jahr flußaufwärts gekommen? Der Reiher, die Reiher, die unsrigen, sie fehlten uns, traurige Flecken aus zuviel Weiß, sie brachten viel Dunkelheit.

Die Distelfinken

Die Ingelfinger nennt man Distelfinken. Daran sind aber nicht sie schuldig, sondern ihr Schultheiß, dem mit einem Distelfinken einmal ein Streich passiert ist. Dieser Schultheiß hielt nämlich in seiner Stube einen Distelfinken, und der Vogel war ihm lieb und wert, nicht sowohl wegen seines Gesanges, sondern noch mehr wegen seines zutraulichen Wesens. Da geschah es nun eines Morgens, daß der Schultheiß den Vogel fütterte und dabei die Türe des Käfigs öffnete. Er wußte nicht, daß zur selben Zeit seine Frau hinter ihm das Fenster aufmachte, dieweil sie die Stube kehren wollte. Wie's nun des weiteren ging, weiß ich nicht; kurz und gut, der Distelfink entwischte dem Käfig und flog hinaus auf den Baum vor dem Hause, wo er sich niederließ und gegen den Schultheißen, der ihn vom Fenster aus lockte, piepste, gleich

als ob er sagen wollte: »Fang mich, wenn du kannst!« Er schien auch einen Flug in die weite Welt zu planen, denn er hob und senkte immer wieder die Flügel, wie wenn er probieren wollte, ob sie dazu auch kräftig genug seien. Den Schultheiß brachte dies in helle Verzweiflung. Er lief aufs Rathaus und läutete dem Schützen. Und als der in Eile gelaufen kam, befahl er ihm, rasch die Tore der Stadt zu schließen, damit der Vogel nicht entwische. Ob's geholfen hat, weiß ich nicht.

AELIANUS

Von der Wachsamkeit der Gänse

Die Hunde sind zur Wache weniger brauchbar als die Gänse. Dies haben die Römer erfahren. Die Kelten führten mit ihnen einen heftigen Krieg und waren in die Stadt selbst eingedrungen, und ganz Rom bis auf die Höhe des Kapitols war von ihnen besetzt, denn diese war für sie nicht leicht zu ersteigen, da diejenigen Stellen, die durch List zugänglich schienen, gut bewacht waren. Es war dies die Zeit, als Marcus Manlius Konsul war und die ihm anvertraute Höhe bewachte. Dieser war es, der seinen Sohn wegen ausgezeichneter Tapferkeit bekränzte, dafür aber, daß er seinen Befehl übertreten hatte, zum Tode verurteilte. Da nun die Kelten alles für sie unzugänglich sahen, beschlossen sie, in finsterer Nacht die Besatzung, wenn sie am tiefsten schliefe, zu überfallen; denn sie hofften, die Höhe an dem unbewachten und öden Teil ersteigbar zu finden, wo die Römer nicht glaubten, daß die Gallier angreifen würden. Und in der Tat wäre jetzt die Burg des Jupiter auf die unrühmlichste Weise mitsamt dem Gott erobert worden, wenn nicht Gänse dagewesen wären, denn die Hunde verstummen, wenn ihnen Futter vorgeworfen wird, die Natur der Gänse aber bringt es mit sich, daß sie bei dem, was ihnen vorgeworfen wird, schreien und sich nicht ruhig verhalten. So weckten sie den Manlius und die umherliegende Wache durch ihr Geschrei auf. Darum büßen denn auch noch jetzt die Hunde alljährlich für den alten Verrat, die Gans hingegen wird an bestimmten Tagen geehrt und mit großer Festlichkeit auf einer Sänfte umhergetragen.

RICHARD VON VOLKMANN-LEANDER

Der kleine Vogel

Ein Mann und eine Frau wohnten in einem hübschen kleinen Hause, und es fehlte ihnen nichts zu ihrer vollen Glückseligkeit. Hinter dem Hause war ein Garten mit schönen alten Bäumen, in dem die Frau die seltensten Pflanzen und Blumen zog. Eines Tages ging der Mann im Garten spazieren, freute sich über die herrlichen Gerüche, welche die Blumen ausströmten, und dachte bei sich selbst: »Was du doch für ein glücklicher Mensch bist und eine gute, hübsche, geschickte Frau hast!« Wie er das so bei sich dachte, da bewegte sich etwas zu seinen Füßen.

Der Mann, der sehr kurzsichtig war, bückte sich und entdeckte einen kleinen Vogel, der wahrscheinlich aus dem Nest gefallen war und noch nicht fliegen konnte. Er hob ihn auf, besah ihn sich und trug ihn zu seiner Frau.

»Herzensfrau«, rief er ihr zu, »ich habe einen kleinen Vogel gefangen; ich glaube, es wird eine Nachtigall!«

»Lieber gar!« antwortete die Frau, ohne den Vogel auch nur anzusehen. »Wie soll eine junge Nachtigall in unseren Garten kommen? Es nisten ja keine alten drin.«

»Du kannst dich darauf verlassen, es ist eine Nachtigall! Übrigens habe ich schon einmal eine in unserem Garten schlagen hören. Das wird herrlich, wenn sie groß wird und zu singen beginnt. Ich höre die Nachtigallen so gern!«

»Es ist doch keine!« wiederholte die Frau, indem sie immer noch nicht aufsah; denn sie war gerade mit ihrem Strickstrumpfe beschäftigt, und es war ihr eine Masche heruntergefallen.

»Doch, doch!« sagte der Mann, »ich sehe es jetzt ganz genau!« und hielt sich den Vogel dicht an die Nase.

Da trat die Frau heran, lachte laut und rief: »Männchen, es ist ja bloß ein Spatz!«

»Frau«, entgegnete hierauf der Mann und wurde schon etwas heftig, »wie kannst du denken, daß ich eine Nachtigall gerade mit dem Allergemeinsten verwechseln werde, was es gibt! Du verstehst gar nichts von Naturgeschichte, und ich habe als Knabe eine Schmetterlings- und eine Käfersammlung gehabt.«

»Aber, Mann, ich bitte dich, hat denn wohl eine Nachtigall einen so breiten Schnabel und einen so dicken Kopf?«

»Jawohl, das hat sie; und es ist eine Nachtigall!«

»Ich sage dir aber, es ist keine; höre doch, wie er piepst!«

»Kleine Nachtigallen piepsen auch.«

Und so ging es fort, bis sie sich ganz ernstlich zankten. Zuletzt ging der Mann ärgerlich aus der Stube und holte einen kleinen Käfig.

»Daß du mir das eklige Tier nicht in die Stube setzt!« rief ihm die Frau entgegen, als er noch in der Türe stand. »Ich will es nicht haben!«

»Ich werde doch sehen, ob ich noch Herr im Hause bin!« antwortete der Mann, tat den Vogel in den Käfig, ließ Ameiseneier holen und fütterte ihn – und der kleine Vogel ließ sich's gut schmecken.

Beim Abendessen aber saßen der Mann und die Frau jeder an einer Tischecke und sprachen kein Wort miteinander.

Am nächsten Morgen trat die Frau schon ganz früh an das Bett ihres Mannes und sagte ernsthaft: »Lieber Mann, du bist gestern recht unvernünftig und gegen mich sehr unfreundlich gewesen. Ich habe mir eben den kleinen Vogel noch einmal besehen. Es ist ganz sicher ein junger Spatz; erlaube, daß ich ihn fortlasse.«

»Daß du mir die Nachtigall nicht anrührst!« rief der Mann wütend und würdigte seine Frau keines Blickes.

So vergingen vierzehn Tage. Aus dem kleinen Häuschen schienen Glück und Friede auf immer gewichen zu sein. Der Mann brummte, und wenn die Frau nicht brummte, weinte sie. Nur der kleine Vogel wurde bei seinen Ameiseneiern immer größer, und seine Federn wuchsen zusehends, als wenn er bald flügge werden wollte. Er hüpfte im Käfig umher, setzte sich in den Sand auf dem Boden des Käfigs, zog den Kopf ein und plusterte die Federn auf, indem er sich schüttelte, und piepste und piepste – wie ein richtiger junger Spatz. Und jedesmal, wenn er piepste, fuhr es der Frau wie ein Dolchstich durchs Herz. –

Eines Tages war der Mann ausgegangen, und die Frau saß weinend allein im Zimmer und dachte darüber nach, wie glücklich sie doch mit ihrem Manne gelebt habe; wie vergnügt sie von früh bis zum Abend gewesen seien und wie ihr Mann sie geliebt – und wie nun alles, alles aus sei, seit der verwünschte Vogel ins Haus gekommen.

Plötzlich sprang sie auf wie jemand, der einen raschen Entschluß faßt, nahm den Vogel aus dem Käfig und ließ ihn zum Fenster in den Garten hinaushüpfen.

Gleich darauf kam der Mann.

»Lieber Mann«, sagte die Frau, indem sie nicht wagte, ihn anzusehen, »es ist ein Unglück passiert; den kleinen Vogel hat die Katze gefressen.«

»Die Katze gefressen?« wiederholte der Mann, indem er starr vor Entsetzen wurde. »Die Katze gefressen? Du lügst! Du hast die Nachtigall absichtlich fortgelassen! Das hätte ich dir nie zugetraut. Du bist eine schlechte Frau. Nun ist es für ewig mit unserer Freundschaft aus!« Dabei wurde er ganz blaß, und es traten ihm die Tränen in die Augen.

Wie dies die Frau sah, wurde sie auf einmal inne, daß sie doch ein recht großes Unrecht getan habe, den Vogel fortzulassen, und laut weinend eilte sie in den Garten, um zu sehen, ob sie ihn vielleicht dort noch fände und haschen könnte. Und richtig, mitten auf dem Wege hüpfte und flatterte das Vögelchen; denn es konnte immer noch nicht ordentlich fliegen.

Da stürzte die Frau auf dasselbe zu, um es zu fangen, aber das Vögelchen huschte ins Beet und vom Beet in einen Busch und von diesem wieder unter einen andern, und die Frau stürzte in ihrer Herzensangst hinter ihm her. Sie zertrat die Beete und Blumen, ohne im geringsten darauf zu achten, und jagte sich wohl eine halbe Stunde lang mit dem Vogel im Garten herum. Endlich erhaschte sie ihn, und purpurrot im Gesicht und mit ganz verwildertem Haar kam sie in die Stube zurück. Ihre Augen funkelten vor Freude, und ihr Herz klopfte heftig.

»Goldner Mann«, sagte sie, »ich habe die Nachtigall wieder gefangen. Sei nicht mehr böse; es war recht häßlich von mir!«

Da sah der Mann seine Frau zum ersten Male wieder freundlich an, und wie er sie ansah, meinte er, daß sie noch nie so hübsch gewesen wäre wie in diesem Augenblicke. Er nahm ihr den kleinen Vogel aus der Hand, hielt ihn sich wieder dicht vor die Nase, besah ihn sich von allen Seiten, schüttelte den Kopf und sagte dann: »Kindchen, du hattest doch recht! Jetzt sehe ich's erst; es ist wirklich nur ein Spatz. Es ist doch merkwürdig, wie sehr man sich täuschen kann.«

»Männchen«, erwiderte die Frau, »du sagst mir das bloß zuliebe. Heute sieht mir der Vogel wirklich selbst ganz wie eine Nachtigall aus.«

»Nein, nein!« fiel ihr der Mann ins Wort, indem er den Vogel noch einmal besah und laut lachte. »Es ist ein ganz gewöhnlicher – Gelbschnabel.« Dann gab er seiner Frau einen herzhaften Kuß und fuhr fort: »Trag ihn wieder in den Garten und laß den dummen Spatz, der uns vierzehn Tage lang so unglücklich gemacht hat, fliegen.«

»Nein«, entgegnete die Frau, »das wäre grausam! Er ist noch nicht recht flügge, und die Katze könnte ihn wirklich kriegen. Wir wollen ihn noch einige Tage füttern, bis ihm die Federn noch mehr gewachsen sind, und dann – dann wollen wir ihn fliegen lassen!« –

Die Moral von der Geschichte aber ist: wenn jemand einen Spatz gefangen hat und denkt, es sei eine Nachtigall – sag's ihm beileibe nicht; denn er nimmt's sonst übel, und später wird er's gewiß von selbst merken.

Karel Čapek, Über den Charakter der Amseln, aus: Kalender. Von der wechselnden Fülle der wandernden Monate und von den Menschen, wie sie das Jahr erlebten, © GS-Verlag, Basel

Charles Baudelaire, Der Albatros, übersetzt von Stefan George, aus: Stefan George, Sämtliche Werke, Stuttgart 1983

Walter Muschg, Weltreich der Vögel, aus: Atlantis, Heft 3, März 1929, Berlin, Wien, Zürich, © Elli Muschg

Wilhelm Busch, Fink und Frosch, aus: Wilhelm Busch, Gesammelte Werke in vier Bänden, Wiesbaden o. J.

Guy de Maupassant, Liebe, aus: Tiergeschichten, Zürich 1957

Joseph Victor von Scheffel, Guano, aus: Gedichtschatz, Augsburg 1987

Jules Renard, Der Pfau, aus: Vögel in der Weltliteratur, Zürich 1987

Christianna Brand, Der Milan, aus: Mörder, Monstern und Makabres, © Rowohlt Verlag, Reinbek

Wie der heilige Franziskus den Vögeln predigte, aus: Heinz Sielmann, Tiergeschichten, die ich gerne lese, München 1983

Catull, Nänie auf den Tod eines Sperlings, übersetzt von Eduard Mörike, aus: Eduard Mörike, Sämtliche Gedichte, München 1964

Kalervo Reponen, Kovapääs Rache, aus: Richard Hoffmann, W. A. Oerly, Der Tod des großen Ochsen, © Paul Neff Verlag KG, Wien 1962

Eugenio Montale, Der Mauersegler, aus: Satura/Diario, © R. Piper & Co. Verlag, München 1976

Johann Peter Hebel, Der Star von Segringen, aus: Schatzkästlein des rheinischen Hausfreunds, Zürich 1950

Christian Morgenstern, Möwenlied, aus: Christian Morgenstern, Gesammelte Werke in einem Band, München 1965

Hermann Löns, Der Waldkauz, aus: Hermann Löns, Ausgewählte Werke, München 1986

Eduard Mörike, Storchenbotschaft, aus: Eduard Mörike, Sämtliche Werke, München 1976

Rainer Maria Rilke, Flamingos, aus: Rainer Maria Rilke, Sämtliche Werke, © Insel Verlag, Frankfurt 1966

Alejandro R. Roces, Von Hähnen und Hennen, aus: Reiswein, Die Philippinen in Erzählungen ihrer zeitgenössischen Autoren, © Edition Erdmann in K. Thienemanns Verlag, Stuttgart–Wien

Friedrich Nietzsche, Vereinsamt, aus: Friedrich Nietzsche, Werke, Berlin 1967

Gabriel Guignard, Béberts Gans, aus: Richard Hoffmann, W. A. Oerly, Der Tod des großen Ochsen, © Paul Neff Verlag KG, Wien

Christian Fürchtegott Gellert, Der Kuckuck, aus: Christian Fürchtegott Gellert, Sämtliche Fabeln und Erzählungen, München 1965

Joao Guimaraes Rosa, Die Reiher, aus: Die Reiher und andere brasilianische Erzählungen, Herrenalb 1967

Die Distelfinken, aus: Lustige Schwabengeschichten, Mühlacker 1977

Aelianus, Von der Wachsamkeit der Gänse, aus: Heinz Sielmann, Tiergeschichten, die ich gerne lese, München 1983

Richard von Volkmann-Leander, Der kleine Vogel, aus: Träumereien an französischen Kaminen, St. Augustin 1983